森林资源保护与管理

SENLIN ZIYUAN BAOHU YU GUANLI

邵清良　主编

東北林業大學出版社
Northeast Forestry University Press
·哈尔滨·

图书在版编目（CIP）数据

森林资源保护与管理 / 邵清良主编 . — 哈尔滨：东北林业大学出版社，2024.3

ISBN 978-7-5674-3178-2

Ⅰ．①森… Ⅱ．①邵… Ⅲ．①森林保护－教材 ②森林资源管理－教材 Ⅳ．① S76 ② S78

中国国家版本馆 CIP 数据核字（2023）第 106843 号

责任编辑：国　徽
封面设计：陈　卫
出版发行：东北林业大学出版社（哈尔滨市香坊区哈平六道街 6 号　邮编：150040）
印　　装：北京俊林印刷有限公司
开　　本：710 mm×1000 mm　1/16
印　　张：14.25
字　　数：225 千字
版　　次：2024 年 3 月第 1 版
印　　次：2024 年 3 月第 1 次印刷
书　　号：ISBN 978-7-5674-3178-2
定　　价：64.00 元

《森林资源保护与管理》
编委会

主　编

邵清良　河南省新安县林业局

副主编

付　晓　河南省新安县林业局
李　晖　河南省新安县林业局
韩　丹　河南省新安县林业局

参　编

王　盼　河南省新安县林业局
王新伟　河南省新安县林业局
张晓红　河南省新安县林业局
夏小梅　河南省新安县林业局
赵二娅　河南省新安县林业局

前言 / PREFACE

在人类的长期发展历程中，森林资源一直扮演着不可替代的重要角色。森林资源不仅是人类的生存空间，还是维护全球生态平衡和生态系统的基础之一。然而，由于人类的过度开发和不可持续利用，全球的森林资源正面临着日益严重的威胁和挑战。

为了有效保护和管理好森林资源，我们编写了《森林资源保护与管理》。本书旨在系统阐述森林资源的基本概念、分类特点等方面的知识，介绍森林资源的开发利用、经济效益评价、森林保护与生态建设、森林管理技术、林业病虫害防治、湿地保护与恢复、野生动物保护与管理、果树栽培与管理、造林绿化与园林等相关知识和技术。希望通过本书的学习，读者能够更全面地了解和掌握森林资源的相关知识和技术，进而有效保护和管理好森林资源。

本书主要面向林业专业学生和相关从业人员，也可供相关领域的研究者和爱好者参考。在编写过程中，我们秉承了"实事求是、科学立法观、系统完整、易于理解、可操作性强"的原则，力求为读者提供一份既系统又实用的书。

本书由邵清良担任主编，由付晓、李晖、韩丹担任副主编，由王盼、王新伟、张晓红、夏小梅、赵二娅参与编写。

最后，感谢所有为本书提供帮助和支持的人员和单位，在此向你们表示诚挚的谢意！我们希望，本书能够对读者的学习和工作有所帮助，同时也期待着读者的宝贵意见和建议，以便我们进一步完善和提高本书的质量。

编者

2023 年 3 月

目录
CONTENTS

第一章　森林资源概述

第一节　森林资源的定义和概念

一、森林及其功能

通俗地讲，以乔木为主体所组成的连片林木与其所在林地的集合称为“森林”。森林的定义各种各样，目前还没有一个可以达成共识，全面概括森林属性、功能及含义的定义。世界各国对于森林的定义的立足点不同，一片森林也许是一个经营管理单位，一种土地利用类型，或者一种土地覆盖类型，大多数的定义是基于土地利用或土地覆盖来确定的。一般较为普遍的定义是，森林指在一定面积上，以乔木为主体的生物群落，它和所处的环境相互作用，相互影响，构成独特的自然综合体，成为地球上重要的自然生态系统。

关于森林界定的标准，由于各国森林数量的多少不同，森林及产品在国民社会生活中的地位和作用的不同，因而森林的界定也不一样。一般以“有林地”定义森林，美国等国家规定郁闭度（林地上林木树冠投影面积与林地面积的比值）达到 0.1 以上为森林；联合国粮农组织和许多国家，如德国、日本等国规定郁闭度达到 0.2 以上为森林；北欧一些国家规定每公顷林木蓄积生长量达到 1 m^3 以上为森林。

森林是由树木为主体所组成的地表生物群落与所在空间的非生物环境有机结合构成的完整的生态系统，这种生物群落具有丰富的物种，复杂的结构，多种多样的功能。

《中华人民共和国森林法》按森林的功能和用途将森林分为以下五类。防护林：以防护为主要目的的森林、林木和灌木丛；生产林：以生产木材为主要目的的森林和林木，包括以生产竹材为主要目的的竹林；经济林：以生产果品、食用油料、饮料、调料、工业原料和药材等为主要目的的林木；薪炭林：以生产燃料为主要目的的林木；特种用途林：以国防、环境保护、科学实验等为主要目的的森林和林木。按照分类经营的思想，在充分发挥森林多方面功能的前提下，根据森林主导用途的不同，将防护林和特种用途林归为公益林，将生产林、经济林、薪炭林归为商品林。

森林作为陆地生态系统的主体，它不仅能为经济社会发展和人民生活提供木材和非木材产品等物质产品，具有经济利用价值，还具有生态功能及社会服务功能的特征。由于森林具有蓄水保土、防止水土流失、调节气候、净化空气、控制水分循环、防洪减灾、防风固沙、防治沙化及荒漠化、美化环境、改善生态环境、维持生态平衡、提供森林环境服务等功能，成为地球上的基因库、碳贮库、蓄水库和能源库，对维系整个地球的生态平衡起着至关重要的作用，从这个意义上讲，森林就是人类赖以生存大地的卫士、大自然的保护者。

二、森林资源

（一）资源的定义

资源是人类社会生产和生活所必需的物质或能量，是自然界中人类可以利用的物质和能量，包括自然资源和人文资源。资源的发掘、开发和利用对于人类的生存和发展至关重要。

资源的分类可以根据其形态、特性、利用方式等进行划分。常见的分类方式包括以下几种。

1. 自然资源和人文资源

自然资源是指自然界中存在的自然物质和能量，人文资源是指人类社会在历史、文化、科技、艺术等方面所创造非物质资源。

2. 可再生资源和不可再生资源

可再生资源是指自然界中能够自我更新的资源，如可再生资源是指能够自然恢复或可人工再生产的资源，例如森林、水力发电、太阳能等；不可再生资源是指存在数量有限或不能再生产的资源，例如石油、天然气、金属矿产等。

3. 物质资源和能源资源

物质资源是指物质形态的资源，如矿产资源、土地资源、水资源、动植物资源等；能源资源是指能量形态的资源，如化石能源、核能、太阳能、风能等。

4. 直接资源和间接资源

直接资源是指可以直接被利用的资源，如矿产资源、水资源、土地资源等；间接资源是指不能直接被利用，但可以为其他资源的生产和利用提供条件和保障的资源，如生态系统、气候等。

5. 战略资源和非战略资源

战略资源是指在国家经济、国防和国家安全方面具有重要意义的资源，如石油、天然气、稀土等；非战略资源是指在国家经济和社会发展中起到一定作用的资源，如铁矿石、煤炭等。

资源的分类根据其形态、特性、利用方式等不同，具有一定的局限性，但可以帮助我们更好地认识和管理资源。同时，随着人类对资源利用的深入，资源的分类也在不断发展和完善，以适应不同领域的需求。

（二）森林资源的概念

森林资源是指由植物、土壤、水、气候、动物和微生物等自然因素组成的森林生态系统，其中包括森林本身的生物多样性和生态系统服务，以及与森林相关的其他资源，如木材、木本油、草药等。从经济角度来看，森林资源还包括森林所提供的生产资料和消费品，例如木材、竹子、果实、树皮等。

森林资源的概念可以从多个角度进行阐述。

首先，从生态系统角度来看，森林资源指的是森林所提供的各种生态系统服务。森林作为自然界最重要的生态系统之一，具有多种功能，如水土保持、土地保护、气候调节、生物多样性保护等，为人类社会提供了丰富的生态服务。

其次，从自然资源角度来看，森林资源包括森林所具有的各种自然资源，如木材、林下草药、果实、树皮等。这些自然资源是人类生存和发展的重要物质基础，也是国家经济和社会发展的重要资源。

再次，从经济资源角度来看，森林资源还包括森林经济所产生的各种资源和财富，如林业、木材加工、旅游等，这些资源对于促进地方经济发展和提高居民生活水平具有重要作用。

最后，森林资源还涉及了文化和价值观念等方面，包括人们对于森林的情感认同和文化传承等。森林作为人类社会的重要文化遗产和精神资源，承载了人们对于自然、生命、美好生活的向往和追求。

森林资源的概念也与人类的文化传统和价值观念密切相关。在不同的文化和地区，森林资源的概念和价值观可能会有所不同，例如在一些文化中，森林被视为神圣的，需要受到特殊的保护和尊重。

总之，森林资源的概念是多维的，它既涵盖了生态系统、自然资源和经济资源，也涉及了文化和价值观念。对于保护和管理森林资源，需要综合考虑这些不同的方面，制定综合性的策略和措施。

（三）我国森林资源的现状分析

在当今快速发展的时代背景下，大数据的发展已经成为未来不可逆转的趋势，虽然大数据系统在快速发展和推进着，但由于该技术并未达到方方面面都普及的程度，所以我国在林业信息化进程上依然任重而道远，我国现阶段对于森林资源以及林地资源的保护还存在问题。

我国现阶段对于森林资源并没有一个明确的合理的规划。造成这种状况的原因有很多，最主要的一点便是我国地形地势较为复杂，森林资源东西南北跨度都很大，其分布又极其不均匀，因此我们对于森林资源的规划有着极大的困难，同时，还存在着在某些地区森林资源的实际开发利用情况与规划情况截然不同的问题。这是当前我国森林资源在开发利用上存在的问题之一。

近年来，我国在不断强调绿水青山重要性的同时推出了一系列法律法规来加强对于森林资源的保护，但是，还有一部分人的思想没有跟上大部队的脚步，仍旧保留着对于森林资源乱砍滥伐以及其他方式不合理利用的观念，他们的认知依旧停留在经济效益是高于森林资源的其他价值上，完全忽视了森林资源所带来的生态价值。因此，如何加强人们对森林资源的保护意识以及加大对森林资源的合理利用仍然是当前工作的重中之重。

第二节　森林资源的分类和特点

一、森林资源的分类

森林资源的分类可以从不同的角度进行划分，以下是常见的几种分类方式。

（一）森林资源的物种分类

森林资源按照所含植被类型的不同可以划分为阔叶林、针叶林、常绿林、落叶林等不同的类型。这些不同类型的森林资源所包含的物种不同，其生态系统功能也有所不同。

1. 阔叶林

阔叶林的特点是在秋冬季节落叶，春夏季节长新叶，属于地球上分布最为广泛的森林类型之一。阔叶林生长在温暖湿润的气候条件下，主要分布在热带、亚热带、温带和北极地区的边缘。阔叶林的树种种类繁多，包括蒙古栎、橡树、枫树、杨树、榆树等。

2. 针叶林

针叶林的特点是树木的叶子为针形，常绿或半常绿。针叶林分布在寒冷干燥的气候条件下，主要分布在温带和北极地区的边缘。常见的针叶树种包括松树、云杉、红杉、冷杉、华山松等。

3. 常绿林

常绿林是指全年保持常绿的森林，树种种类多样，包括柏树、杉树、松树、榆树等。常绿林的分布范围较广，主要分布在热带和亚热带地区。常绿林在地球生态系统中具有重要的生态功能，能够保持土壤稳定、调节气候等。

4. 落叶林

落叶林是指树木在秋冬季节落叶的森林，树种种类多样，包括榆树、枫树、蒙古栎等。落叶林分布在温带和亚热带地区，与阔叶林相似，但落叶林的树种更为丰富，具有更高的生物多样性。

总之，森林资源的物种分类是对不同树种的分类和组成，不同类型的森林对地球生态系统的影响也有所不同。对不同类型的森林资源的认识和保护有助于保持地球生态系统的平衡和稳定。

（二）森林资源的土地利用分类

森林资源按照其土地利用方式的不同可以划分为自然林、人工林、野生动植物保护区、森林公园、旅游景区等不同类型。

1. 自然林

自然林是指未经过人为干扰的天然森林，它的植被、动植物种类和数量、林层结构、群落组成等都在自然状态下发展，没有人为的人工造林或林业经营活动。自然林中生态系统完整，生物多样性较高，是生物种类和遗传资源的重要保护区域。

2. 人工林

人工林是指通过人工种植、培育、管理而形成的森林，它是人类通过林业经营活动形成的一种森林资源。人工林的主要特征是树种种类、树龄、结构、密度和成分等都是经过人工选择和干预的。

3. 野生动植物保护区

为保护和恢复濒危野生动植物种群及其栖息地而建立的自然保护区。野生动植物保护区的建立对于保护野生动植物资源、维持生态平衡和保护生物多样性具有重要意义。

4. 森林公园

森林公园是指以森林景观和生态系统为主题，为公众提供休闲娱乐、科普教育和生态旅游服务的公共设施和场所。森林公园一般包括森林保护区、生态景区、游憩区等不同的功能区域，同时也可以与周边的文化、历史、自然景观相结合，打造多元化的旅游产品和服务。

5. 旅游景区

依托森林资源而建立的旅游景区是指以森林景观和生态系统为主要吸引点

的旅游景区，以生态旅游和生态文化为主题，为游客提供各种娱乐、休闲、度假、探险等服务和活动。旅游景区的建设可以促进森林资源的旅游经济开发，增加地方经济收入。

（三）森林资源的经济价值分类

森林资源按照其经济价值的不同可以划分为木材、林产品、生态旅游等不同类型。

1. 木材资源

森林是世界上最重要的木材资源，是许多国家的重要经济支柱。木材被广泛用于建筑、家具、造纸等领域，是不可替代的原材料。森林资源的可持续利用和管理对于木材行业的可持续发展至关重要。

2. 林产品资源

森林提供了大量的林产品，如果实、树皮、花卉、野生动植物等。这些产品可以用于食品、医药、化妆品、香料等多个领域，具有较高的经济价值。

3. 生态旅游资源

森林景区和森林公园具有很高的生态旅游价值，吸引着众多游客前来参观和旅游。这些景区和公园还为当地的旅游业和相关产业带来了可观的经济收益。

4. 生态系统服务价值

森林作为生态系统的一部分，可以为人类提供各种生态系统服务，如水源涵养、土壤保持、空气净化等。这些服务价值虽然无法直接体现在经济上，但对于人类的生存和发展至关重要。

综上所述，森林资源在经济、社会和生态方面都具有重要的价值和作用，对于人类的发展和生存都至关重要。因此，加强森林资源的保护和合理利用，促进其可持续发展，已经成为全球各国所共同关注的重要议题之一。

（四）森林资源的生态价值分类

森林资源按照其对生态系统功能的贡献程度可以划分为具有重要生态功能的生态林、具有较强保护功能的保护林、具有较强经济功能的经济林等不同类型。

1. 具有重要生态功能的生态林

森林作为地球上最大的陆地生态系统之一，其具有重要的生态功能。森林通过植物的光合作用将大气中的二氧化碳转化为有机物质，并释放出氧气，是全球碳循环和氧气循环的重要组成部分。同时，森林可以吸收大气中的污染物质，具有净化空气的作用。森林还是土壤保持、水源涵养、防风固沙等生态功能的主要承载者，可以减缓洪涝、滑坡等自然灾害的发生，并对生物多样性的维护和生态平衡的稳定起到至关重要的作用。

2. 具有较强保护功能的保护林

保护林是为了保护森林资源及其生态系统，具有水源涵养、土壤保持、水土保持、气候调节、防风固沙、保护生物多样性等功能，对于维护生态平衡、保护生态环境和促进可持续发展具有重要的作用。

3. 具有较强经济功能的经济林

经济林是在经济上有较大产出和贡献的森林。这些林地主要用于木材、竹材、林产品等的生产，是国家和地方经济的重要组成部分。经济林在推动农业现代化、促进农民增收、扩大就业、提高国民经济效益等方面都具有重要的作用。同时，也需要加强经济林的管理和保护，保障其可持续发展，实现经济、社会和环境的协调发展。

（五）森林资源的社会文化价值分类

森林资源按照其对人类社会和文化的贡献程度可以划分为具有历史文化遗产价值的文化林、具有生命意义和灵性价值的神秘林等不同类型。

1. 具有历史文化遗产价值的文化林

文化林是指那些在历史、文化、艺术等方面具有特殊价值的森林。这些林地通常是古代文明、文化、宗教、历史等事件的见证，是人类文化遗产的重要组成部分，对于维护人类文化多样性和促进文化交流、认知和创新具有重要的作用。

2. 具有生命意义和灵性价值的神秘林

神秘林是指那些被视为圣地、神秘的森林。这些森林的存在和特征通常与文化、宗教、传说、神话等相关联，是人类灵性文化的重要组成部分，对于人类的心灵和精神有着深刻的影响和意义。

3. 具有教育意义的教育林

教育林是指那些被用于森林生态、林业科学、环境教育等方面教育活动的森林。这些林地主要用于提供森林生态、林业科学、环境保护等方面的教育，是培养环保意识、森林保护和可持续发展观念的重要场所。

4. 具有休闲功能的休闲林

休闲林是指那些被用于休闲旅游、体育健身、文化娱乐等方面的森林。这些林地通常具有自然环境优美、气氛宜人、文化内涵丰富等特点，是人们放松身心、娱乐休闲的重要场所。

在休闲林的规划和建设过程中，需要考虑人们的实际需求，建设符合人体工程学的休闲设施，提供舒适的休息和活动场所，以满足人们多样化的需求。同时，还需要注意保护生态环境，合理开发和利用自然资源，实现可持续发展。

休闲林的建设可以提高人们的生活质量和幸福感，促进经济发展和社会进步。在建设休闲林时，需要注重与当地居民的沟通和合作，共同推动休闲林的建设和发展，实现共赢。

在休闲林的管理和运营方面，需要建立科学、规范的管理制度，制定详细的管理规章制度和标准，确保休闲林的安全、舒适和可持续发展。同时，还需要注重宣传和推广，让更多人了解休闲林的建设和管理，提高公众的环保意识和责任意识。

这些分类方式并不是互相独立的，它们相互交叉，构成了森林资源复杂多样的属性。对不同类型的森林资源，需要采取不同的管理和保护策略，以实现其最大化的综合效益。

二、森林资源的特点

森林资源实际上是一个复合的系统，包括生态系统、经济系统和社会文化系统。它们相互联系、相互依存，共同构成了一个完整的森林资源系统。对于森林资源的保护和合理利用，必须兼顾生态、经济和社会文化等方面的需求，实现系统性的、可持续的发展。与其他类型的自然资源相比，森林资源的特征包括以下几点。

（一）可再生性

森林资源的主体部分是林木，它们在一定的条件和限度内可以再生和重复利用。这主要是由于林木有很强的自我修复能力和再生能力。一般来说，如果在林木采伐后，能够采用适当的种植、育苗和管理措施，就可以使森林资源得到再生和更新，从而实现可持续利用。

（二）系统性

森林资源是指由森林生态系统提供的各种可利用的物质和能源。它包括林木、林地、森林中的野生动植物与微生物以及森林的环境要素等。这些要素相互作用和影响，共同构成了森林资源这一集合体的物质内涵。林木是森林资源的主要组成部分，包括木材、竹材、薪炭等。林地则是森林资源的承载体，包括土壤、水资源等，同时林地地表植被变化引起地表径流的变化，对局域环境也会产生一定的影响。此外，森林中的野生动植物和微生物也是森林资源的重要组成部分，它们提供了食物、药材等资源。森林的环境要素则包括气候、气温、水分等，这些要素直接影响着森林生态系统的运行和森林资源的质量与数量。森林资源构成的整体性要求人们在开发利用森林资源的时候，一定要将森林资源作为一个整体来看待，力求全面地加以开发利用，以争取获得最大的综合效益。

（三）复杂性

森林资源是指森林生态系统中为人类提供的各种具有经济、社会和生态价值的资源，包括实物形态和非实物形态的资源。实物形态的资源包括木材、竹材、薪炭、食用菌、野生动植物、药材等，这些资源直接为人类提供了物质基础和生活必需品。非实物形态的资源包括森林的生态服务功能，如气候调节、水源涵养、土壤保持、生物多样性保护等，这些功能对于维护生态平衡、保障人类健康和社会经济可持续发展具有重要的作用。

虽然森林资源所涉及的范围十分广泛，包括非实物形态的资源，但林木、林地等具有实物形态的资源仍然是森林资源的主体和基础。林木是森林资源中最重要的实物形态资源，它们是提供木材、竹材、薪炭等的主要来源。林地则是森林资源的承载体，它们提供了生长林木的土壤和水源，为森林生态系统的稳定和发展提供了物质基础。此外，森林中的野生动植物和微生物也是森林资源的重要组成部分，它们为人类提供了食物、药材等资源。因此，尽管森林资源十分广泛，林木、林地等具有实物形态的资源仍然是其主体和基础。

（四）外部性

森林资源的外部性是指森林资源的利用和保护行为会对其他相关方产生影响，这些影响通常不会反映在市场价格中。森林资源在生态效益方面具有重要作用，如净化、空气调节、水源保护等，但这些效益并未反映在森林资源的市场价格中，导致了外部性的存在。森林资源对于社会和公共利益的贡献，如生态保护、景观美化、文化传承等方面，也存在着外部性。森林资源的经济利益虽然在市场上有所反映，但由于森林资源的可再生性和外部性等特点，经济利益的分配和再分配也会存在外部性。对森林资源的保护和管理需要投入大量的人力和物力，这些成本也并未完全反映在森林资源的市场价格中。在我国，森林资源中只有划归商品林的林木和林地可以在市场中流转和交易，划为公益林的森林资源还不能进入市场交易体系，因此公益林森林资源也具有很强的外部性特征。

第二章　森林资源开发利用与经济效益

第一节　森林资源开发利用的目的和意义

森林资源开发利用是指在科学、合理和可持续的原则下，对森林及其相关资源进行有效开发和利用的过程。它涉及森林资源的调查、保护、管理、培育和采伐等环节，同时提升森林资源的经济、社会和生态效益。具体来说，森林资源开发利用的目的和意义可以从以下几个方面来阐述。

一、满足人类的经济需求

森林资源作为一种重要的自然资源，具有丰富的物质和能源价值。通过对森林资源的开发利用，可以获得木材、竹材、果实、药材等各种生物资源，以及木材、木材纤维、木质素等能源资源。这些资源可以直接或间接地支撑人们的生产和生活，带动经济发展。

（一）获得木材、竹材等生物资源

森林是获得木材、竹材等生物资源的重要来源之一，这些资源可以用于家居建材、造纸印刷、制作家具、工艺品等众多方面。木材具有很好的强度和耐久性，能够满足各种建筑和家具制造的需求。竹材则具有轻便、坚固、耐用等特点，被广泛应用于家具、工艺品等领域。

（二）获得果实等非木材产品

森林资源开发利用可以获得各种果实等非木材产品，这些产品具有重要的经济和生态价值。例如，山楂、枸杞、草莓、李子、苹果等果实都可以食用、制作食品等。此外，野生菌类、竹笋等也是森林资源开发利用中重要的非木材

产品。

（三）获得药材等其他生物资源

森林资源包含了各种药材等其他生物资源，如人参、枸杞、黄芪、当归、白术、何首乌等。这些药材具有广泛的应用价值，可以用于制造各种中药，如补品、药酒、汤剂等。此外，一些药材还可以用于制造化妆品，如蓝莓、蜂蜜、绿茶等。这些资源都是森林资源开发利用的重要产物。

（四）获得木材、热能等能源资源

森林资源开发利用可以获得木材、热能等能源资源。木材作为一种重要的燃料资源，被广泛应用于生活、工业和发电等领域。通过木材的燃烧，可以获得热能和电能，满足人们的能源需求。因此，森林资源开发利用对于保障能源供应和促进经济发展具有重要意义。

二、促进地方经济发展

森林资源的开发利用可以促进地方经济发展。森林资源作为一种可再生资源，拥有丰富的经济价值，其开发利用可以带动当地的产业发展，促进地方经济的繁荣和增长。例如，在林下发展养殖业，可以为当地居民提供就业机会和增加收入的渠道。此外，森林旅游等相关产业也可以推动当地经济发展，提高地方的知名度和影响力。

（一）森林资源开发可以带动相关产业的发展

森林资源开发可以带动相关产业的发展，比如木材加工、林产品加工、生态旅游等。这些产业的发展可以提高当地居民的就业率和人均收入水平，改善居民的生活质量。

1. 木材加工产业

木材加工产业是森林资源开发利用的一个重要方面，它对于促进地方经济发展、提高人民生活水平和推进可持续发展具有重要意义。通过木材的加工和利用，可以生产出各种各样的木制品，如家具、木门、楼梯、地板、木制工艺品等，为社会提供丰富多样的产品和服务。木材加工产业的发展不仅可以促进当地经济的发展，还可以带动其他相关产业的发展，如运输业、化工业等。

木材加工产业的发展离不开现代化的加工设备和科技创新。通过引进现代化的木材加工设备和技术，可以实现高效、精准、自动化的生产，有效地减少木材加工中的浪费和损耗，提高加工效率和降低生产成本。例如，数控机床、数控锯等先进设备的应用可以使得木材加工的精度和速度得到大幅提升。同时，积极开展科研工作，加强对木材材料特性和加工过程的研究，也可以推动木材加工产业的创新和发展。

木材加工产业的发展也需要重视环保和可持续发展。在加工过程中，需要采取有效的环保措施，降低废弃物和污染物的产生，尽可能减少对环境的影响。同时，应该注重木材的合理利用，避免过度开发和损害森林资源的可持续发展。只有重视环保和可持续发展，才能推动木材加工产业的高质量发展，实现经济效益、生态效益和社会效益的协调发展。

2. 林产品加工产业

林产品加工产业是指将森林资源中的林产品进行深加工，制成各种具有一定附加值的林产品的产业。林产品包括木材、竹材、树皮、树脂、松子、花果实、蘑菇等。林产品加工产业的发展可以为当地经济带来诸多益处。

（1）增加就业机会

林产品加工产业涉及的加工、包装、运输等环节都需要大量的人力投入，因此，林产品加工产业的发展可以为当地居民提供就业机会，增加就业人口和就业率，从而减轻当地就业压力。

（2）提高经济效益

林产品加工产业可以为当地带来更高的经济效益。林产品加工产业的发展可以使得当地的林产品得到更加充分的开发和利用，提高林产品的附加值和市场竞争力，从而增加当地的经济收入和财政收入。

（3）促进区域产业升级

林产品加工产业可以带动相关产业的发展。林产品加工产业的发展需要相关产业的协同发展，如物流、加工机械制造、设计、营销等。因此，林产品加工产业的发展可以带动相关产业的发展，形成产业集群，进一步促进当地经济的发展。

（4）推动森林资源可持续利用

林产品加工产业可以提高资源的利用效率和保护生态环境。林产品加工产业需要对原材料进行科学规划和合理利用，减少浪费和污染，同时推广节能环保技术，保护生态环境和资源的可持续利用。

总之，林产品加工产业的发展对于当地经济的发展具有重要意义。只有不断提高林产品加工产业的发展水平和质量，才能够更好地促进当地经济的发展，提高人民生活水平，实现经济效益和生态效益的协调发展。

3. 生态旅游产业

森林资源的生态价值和旅游价值是旅游业不可替代的重要资源。生态旅游是一种以保护和利用自然资源、促进地方经济发展、提高旅游者的环保意识和文化素质为主要目的的旅游形式。它强调保护生态环境，推广环保文化，促进地方经济发展，提高当地居民生活水平，是一种可持续发展的旅游形式。生态旅游是近年来发展较快的产业，也是森林资源开发利用的重要方向之一。通过开发森林旅游资源，可以吸引更多的游客前来旅游观光，从而带动当地的经济发展。生态旅游具有以下几个优点。

（1）增加当地就业机会

开发生态旅游可以提高当地居民的就业率，如导游、旅游安全员、酒店服务、餐饮服务等，这些都是可以为当地居民提供就业机会的职业，从而带动当地经济的发展。

（2）促进相关产业的发展

生态旅游涉及餐饮、住宿、交通等多个行业，可以促进这些产业的发展，形成产业链。

（3）提高当地居民的生活水平

在生态旅游的开发过程中，应该注重当地居民的参与和利益共享，推动生态旅游的可持续发展。例如，可以通过发放牧民家庭、边远村寨等家庭旅馆经营许可证，鼓励当地居民自主创业开展家庭旅馆等相关业务；也可以提供相关培训，提高当地居民从事生态旅游服务的技能和水平。这样也可以增加当地居民的收入，提高生活质量。

（4）增加文化交流和认知

生态旅游不仅可以让游客欣赏美丽的自然风光，还可以让游客更好地了解当地的文化、历史和习俗，从而增加文化交流和认知。在生态旅游的过程中，游客可以参观当地的历史古迹、文化遗产和博物馆，体验当地的民俗文化、风俗习惯和艺术形式等。这些活动可以让游客更深入地了解当地的文化传统和历史背景，促进不同地区和国家之间的文化交流和认知。

因此，通过生态旅游的开发，可以实现经济效益和社会效益的双赢。但需要注意的是，生态旅游的开发要遵循可持续发展的原则，保护好森林资源，避免过度开发和破坏环境。

（二）森林资源开发可以推动地方经济结构的优化升级

在森林资源开发过程中，通过推广高效节能的生产方式，可以减少资源浪费和环境污染，同时提高产业效益和降低生产成本，有助于加快产业升级和转型升级的进程。

1. 森林资源开发可以推动林业产业的升级和优化

随着人们对生态环境的重视和对可持续发展的追求，林业产业也正在向生态化、智能化、绿色化方向转型升级。通过科技创新和技术进步，林业产业可以实现高效、低耗、低排放的生产模式，提高资源利用效率，降低生产成本，增强市场竞争力。此外，林业产业还可以拓展生产链条，延伸产业价值链，推动林木加工业、林产品加工业、生物医药业等相关产业的发展，形成多元化、综合化的产业体系，提高地方经济的产业结构和质量。具体而言，包括以下一些方面。

①加强林木培育和种质改良，提高木材品质和生长速度，增加木材产量和收益。

②开展林业新品种选育，推广优良品种，提高林产品的质量和品种，满足市场需求。

③建设现代化的林业产业园区，促进林业产业集群化发展，推进林木加工、林产品加工和生态旅游等产业的协同发展。

④推广林下经济，发展草药、菌类、果品、蜜蜂等林下经济产业，提高森林生态系统的多功能性和经济效益。

⑤建设生态林业示范区，强化林业生态建设，推广绿色生态种植、绿色采伐等林业经营方式，提高森林生态效益。

⑥发展林下产业，包括养殖、观赏等产业，为当地居民提供就业机会，增加农民收入。

⑦推进林业技术创新，加强科研力量，提高林业生产的科技含量和技术水平，推动林业产业的技术升级。

总之，通过森林资源的开发利用，可以推动林业产业的升级和优化，实现森林资源的可持续利用和经济效益的提升。同时，也需要注意合理利用和保护森林资源，确保森林资源的可持续利用和生态效益的维护。

2. 森林资源开发可以促进农业产业的转型升级

在一些地区，农业生产和森林资源的利用并存，森林资源开发可以为农业提供新的经济增长点和转型升级的契机。比如，通过发展林下经济、开展林果共作等方式，可以提高农民的收入水平，同时也可以增加农业产业的附加值，推动农业产业的升级和转型。

（1）发展林下经济

林下经济是指在森林资源保护和利用的基础上，充分利用森林下层资源，发展生态旅游、特色农业、生态种植养殖等产业，实现森林资源的多元化利用和经济效益最大化。发展林下经济可以为当地农民提供更多的就业机会，增加农民的收入，同时还可以促进森林资源的保护和管理，提高森林生态系统的稳定性和健康度。

特色农业是指在一定地理环境、自然资源条件和传统文化背景下，发展独具特色的农业产业。在森林资源开发利用中，可以通过发展林下经济，将农业产业和森林资源有机结合起来，发展林下果树种植、蜜蜂养殖、山珍野菜采摘等特色农业项目，实现农民增收，推动当地经济的转型升级。

（2）开展林果共作

林果共作是指在森林资源保护和利用的基础上，通过植树造林和发展果树种植等方式，将农业和林业有机结合起来，实现农业与林业的共同发展。在林果共作中，农民可以在森林下种植果树，充分利用森林生态系统的生态优势，实现果树的高产、高效、高质，同时还可以为森林资源的保护和管理提供助力。林果共作不仅能够实现农业产业的转型升级，还可以为农村经济增加新的增长点，提高农民收入水平，推动农村经济的可持续发展。

林果共作的优势主要体现在以下几个方面。

①充分利用森林生态系统的优势。森林生态系统具有防风固沙、保持水土、净化空气、调节气候等多种生态功能，对于果树生长的影响也是非常显著的。林果共作可以充分利用森林生态系统的优势，使果树生长更加健康、稳定，果实品质更高。

②丰富果树品种。林果共作可以在森林下种植多种果树，丰富果树品种，提高果农的收益。同时，在果树品种丰富的情况下，有效避免单一品种种植所带来的病虫害等问题，提高果树的生长质量和产量。

③减少农业面积占用。林果共作可以将果树种植在森林下，减少对农业土地的占用，同时也能够提高农业和林业土地的利用效率，实现资源的共享和优化配置。

④促进农村经济的发展。林果共作可以为农村经济注入新的活力，增加农民收入，推动农村经济的可持续发展。同时，林果共作还可以创造就业机会，促进农村就业的发展。

总之，林果共作为一种新型的生态农业模式，可以将农业和林业有机结合起来，实现资源的共享和优化配置。通过林果共作，可以有效提高果树品质和产量，减少农业面积占用，促进农村经济的发展，是一种可持续发展的新型产业模式。

（三）森林资源开发可以吸引外来投资

大型林业企业在投资森林资源开发的同时，也会带来先进的技术和管理经验，对当地的基础设施建设、人才培养等方面产生积极的促进作用。

1. 丰富的资源潜力

森林资源开发有着广阔的市场前景和较高的开发潜力。依托森林资源，可以开展众多的相关产业，如木材加工、林产品加工、生态旅游等，这些产业的发展可以带动相关产业的发展，促进地方经济的繁荣发展。

2. 政策扶持的力度

为了加强森林资源的保护和开发利用，国家采取了一系列政策措施来鼓励社会资本的投入。国家出台了《中华人民共和国森林法》《中华人民共和国森林法实施条例》等法律法规，规范了森林资源的保护和开发利用，为投资者提供了依据；同时还实行了一系列财政和税收优惠政策，如投资森林资源开发项目可享受土地使用费减免、税收减免等政策，为投资者提供了经济上的支持。

3. 稳定的市场需求

随着全球环保意识的不断提高，人们对于绿色、环保、可持续的产品和服务的需求越来越大。森林资源开发可以提供符合这些需求的产品和服务，如环保木材、绿色产品、生态旅游等，这些产品和服务受到了越来越多的市场青睐。

4. 良好的投资环境

我国一直致力于营造良好的投资环境，提高投资的便利度和透明度。政府为吸引外来投资提供了优惠的政策和服务，如设立了各类投资园区和高新技术开发区、放宽了外资准入限制、简化了外资企业的设立和运营程序等。

总之，森林资源开发可以吸引外来投资，不仅可以推动地方经济的发展，也可以促进资源的合理利用和保护，推动经济的可持续发展。

三、保障生态环境的稳定性

森林资源开发利用的过程中，应该注重生态环境的保护。森林具有重要的生态功能，可以防止水土流失、调节气候、保护生物多样性等。因此，在森林资源的开发利用中，应该注重生态环境的保护，防止过度采伐和破坏生态平衡，保障生态环境的稳定性和持续发展。

（一）保障生物多样性

森林是地球上最为复杂的生态系统之一，包含着丰富的物种资源。森林中生长着各种植物和动物，它们之间相互依存、相互作用，形成了一个复杂的生态系统。因此，对森林资源开发利用时，必须重视保护生物多样性，防止森林生态系统的破坏和破碎化。

1. 生物多样性的概念

生物多样性指的是地球上所有生命形式的种类、数量、遗传差异和生态系统的复杂程度等多个方面的多样性。它是地球生态系统的一个重要组成部分，是维持生态平衡和生态稳定性的重要因素。

2. 森林资源开发利用对生物多样性的影响

森林资源的开发利用对生物多样性产生了复杂的影响。一方面，合理的森林资源开发利用可以提高生物多样性，保护和增加野生动植物的栖息地，为野生动植物提供更多的食物和栖息场所，从而促进生物多样性的增加。另一方面，不合理的森林资源开发利用会破坏和减少野生动植物的栖息地，破坏生态平衡，导致生物多样性的减少。

3. 保障生物多样性的措施

为了保障生物多样性，森林资源开发利用需要采取一系列的措施。

（1）保护重要物种

对于濒危物种和重要物种，应该采取特殊的保护措施，包括建立自然保护区、开展种质资源保护、建立生态赔偿机制等。

（2）保护森林生境

保护森林生境是保护生物多样性的重要手段。在森林资源开发利用中，需要注意保护森林生境的完整性和稳定性，减少对野生动植物栖息地的破坏。

（3）开展科学管理

科学管理是保障生物多样性的基础。在森林资源开发利用中，需要采取科学的管理措施，制订合理的开发利用计划，加强生态监测和环境评估，控制开发利用的规模和强度。

（4）开展生物多样性保护宣传教育

宣传教育是保障生物多样性的重要手段，可以增强公众对生物多样性保护的认识和重视，促进公众参与保护行动。对于森林资源开发利用，宣传教育可以让人们意识到保护和合理利用森林资源的重要性，避免滥伐滥砍等破坏森林生态环境的行为。

（5）开展森林保护和恢复项目

森林保护和恢复项目可以通过植树造林、保护野生动植物、防止破坏等方式，维护和恢复森林生态系统的稳定性，保障生物多样性。这不仅可以保障生态环境的稳定性，也可以为未来的可持续发展提供支持。

（6）建立生物多样性保护体系

建立完整的生物多样性保护体系，包括保护区网络、物种保护计划、生态保护红线等，可以有效保障生物多样性。对于森林资源开发利用，建立生物多样性保护体系可以合理规划森林开发利用，避免对生物多样性的破坏和影响。

（7）加强生物多样性监测和评估

加强对生物多样性的监测和评估，可以及时了解生物多样性状况，为生物多样性保护提供科学依据。在森林资源开发利用中，加强生物多样性监测和评估可以及时发现和解决可能存在的问题，减少对生物多样性的负面影响。

（8）加强国际合作

生物多样性保护是全球性问题，需要各国共同合作。加强国际合作可以推进全球生物多样性保护行动，促进生物多样性的保护和可持续利用。在森林资源开发利用中，加强国际合作可以借鉴和学习国际先进经验，提高森林资源利用效益和生态保护水平。

（二）保障水土资源

森林生态系统对水土资源的保护和调节作用非常重要。森林具有保持水土、调节水源和水流、保护地表水和地下水等多种水文生态功能。通过森林资源的合理利用，可以保障水土资源的稳定性，防止水土流失，减少滑坡等自然灾害的发生。

1. 有助于保护水资源

森林资源是重要的水源涵养区，森林具有储水、调水、保水、净水等功能，可以保障水资源的稳定性。森林可以保持土壤的水分和营养，降低水土流失，减轻洪涝、干旱等自然灾害的影响，提高土地的水分利用率。此外，森林还可以净化水质，提高水质的安全性和稳定性，对于保障饮用水安全有着非常重要的作用。

2. 有助于保护土壤资源

森林资源是重要的土壤保持区，森林可以通过树木的根系、枯枝落叶的堆积等方式，保持土壤的肥力和稳定性，减缓土壤疏松。森林可以防止水土流失和土壤侵蚀，减少土壤养分的流失和消耗，提高土地的肥力和质量。此外，森林生态系统能够为土壤提供养分和有机物质，促进土壤微生物的生长和繁殖，提高土壤的生态功能和自我修复能力。

（三）保障大气环境

森林资源对大气环境的保护和改善具有重要作用。森林可以吸收大气中的二氧化碳等有害气体，同时释放出氧气和水蒸气，对大气环境起到净化作用。通过森林资源的合理利用，可以保障大气环境的稳定性，防止空气污染等环境问题的发生。以下分别从森林碳汇、木材代替、生物质能等方向介绍森林资源开发利用对减少温室气体排放的贡献。

1. 森林碳汇

森林碳汇是指森林生态系统中吸收和储存二氧化碳的能力，是减缓全球气候变化的重要手段之一。森林可以通过吸收大气中的二氧化碳，将其储存于植物体内和土壤中，减少大气中二氧化碳的浓度。同时，森林的生长和更新也会释放出氧气，进一步促进空气质量的改善。

森林资源的保护和利用，可以促进森林的健康生长和更新，增加森林碳汇的储存量。此外，通过森林资源的可持续利用，可以避免非法砍伐和滥伐等行为，减少森林面积和森林碳汇的流失。

2. 木材代替

木材作为一种可再生的资源，在现代工业和建筑业中具有广泛的应用。与石油、煤炭等化石能源相比，木材具有低碳、可再生、环保等优点。因此，推广木材代替化石能源的使用，可以减少温室气体的排放。

（1）建筑业

在建筑材料的选择上，推广使用木材代替混凝土、钢筋等传统材料，可以减少二氧化碳的排放。

（2）能源利用

木材作为生物质燃料，代替煤炭、石油等传统能源，可以减少温室气体的排放。

（3）包装和纸张行业

推广使用木材包装和木材纸张等可再生资源，可以减少使用化学纤维等非可再生资源的比例，从而减少温室气体的排放。

3. 生物质能

生物质能是指利用生物质作为燃料发电或生产热能的过程。生物质能作为一种可再生能源，具有环保、可持续等优点，被认为是替代传统化石能源的重要途径之一。森林资源作为重要的生物质能源材料，可以利用木材、木屑、锯末、秸秆等生物质资源，生产生物质颗粒、生物质液体燃料等，为社会供应清洁能源。

（1）生物质颗粒

生物质颗粒是一种可燃的固体颗粒状燃料，通常由木屑、锯末、秸秆等农林废弃物制成。生物质颗粒具有热值高、燃烧效率高、排放物少等优点，被广泛应用于工业、农业等领域。森林资源作为生物质颗粒的重要原材料之一，可以通过充分利用森林废弃物和木材等资源，实现清洁能源的生产和利用。

（2）生物质液体燃料

生物质液体燃料是指利用生物质作为原料，通过生物质发酵、化学反应等方式，生产出一种可以替代传统石油燃料的清洁能源。生物质液体燃料具有环保、可再生等优点，被广泛应用于交通、工业等领域。森林资源作为生物质液体燃料的重要原材料之一，可以通过开展森林废弃物的生物质化利用、发展生物质能源生产等方式，促进生物质液体燃料产业的发展和利用。

（3）生物质发电

生物质发电是指利用生物质作为燃料，通过热能转换、蒸汽发电等方式，产生电能的过程。生物质发电具有环保、可持续等优点，被广泛应用于电力供应、工业生产等领域。森林资源作为生物质发电的重要原材料之一，可以通过利用森林废弃物、人工林、天然林等资源，实现生物质发电产业的发展和利用。

（四）保障景观资源

森林资源不仅是生态系统，也是重要的景观资源。森林中的各种植物和动物构成了独特的自然景观，成为各地旅游和休闲的重要场所。通过森林资源的保护和管理，可以保障景观资源的稳定性，同时推动旅游和休闲产业的发展，促进地方经济的繁荣。

1. 森林景观资源的重要性

森林景观资源是森林资源开发利用中不可忽视的重要组成部分，其重要性主要体现在以下几个方面。

（1）生态环境保护

森林景观资源是森林生态系统的重要组成部分，可以维护生态系统的稳定性，防止生态环境的破坏和生物多样性的丧失。

（2）文化遗产保护

森林景观资源具有较高的文化价值，它们是历史、文化的见证者，是民族文化的重要组成部分，具有丰富的文化内涵和价值。

（3）经济发展

森林景观资源是生态旅游等相关产业的重要基础，可以促进地方经济的发展，增加当地居民的收入，提高森林资源的经济价值。

2. 保障森林景观资源的方法

（1）森林景观规划

在森林资源开发利用的过程中，需要根据当地的实际情况和发展需求进行森林景观规划，制定相应的管理措施，从而实现保护和利用的平衡。

（2）强化森林景观管理

对于一些具有重要生态、文化和经济价值的森林景观资源，需要加大管理力度，采取相应的保护措施，确保森林景观在开发利用过程中不受破坏。

（3）开展生态旅游

生态旅游是保障森林景观资源的重要手段之一，可以通过引导游客对森林生态环境的认识和了解，促进对森林景观资源的保护和利用。

（4）加强宣传教育

通过加强宣传教育，提高公众对森林景观资源的认识和了解，形成保护和合理利用森林景观资源的共识，从而实现对森林景观资源的全面保障。

3. 森林景观资源的开发利用

森林景观资源的开发利用可以实现森林资源的经济价值最大化，同时也需要注意保护森林景观资源的稳定性。下面介绍几种常见的森林景观资源开发利用方式。

（1）森林旅游

森林旅游是指以森林及其生态环境为主题开展的旅游活动。通过建设旅游景区、开展生态旅游、林下采摘等方式，实现森林景观资源的开发利用。森林旅游的发展不仅可以带动地方经济的发展，同时还可以增加公众对森林资源的认知和关注，促进森林资源的保护。

（2）森林康养

森林康养是指通过森林及其生态环境的疗愈作用，促进人们身心健康和心理调节的一种养生方式。森林康养利用森林的清新空气、芳香气味、自然风光等元素，开展森林浴、森林瑜伽、森林冥想等活动，实现人体与自然的和谐互动。

（3）森林文化旅游

森林文化旅游是指以森林文化为主题，通过旅游活动的形式，开展文化交流和体验的一种旅游方式。森林文化旅游可以利用森林中的文化遗产、传统技艺、民俗文化等元素，开展文化展览、文化传承体验、文化创意商品销售等活动，既增加旅游的吸引力，又提升森林文化的传承和保护。

（4）森林疗养

森林疗养是指通过森林中的自然元素，如清新空气、芳香气味、自然风光等，结合特定的治疗手段，开展一种自然疗法。森林疗养可以利用森林中的药材、植物精油、花粉等天然物质，开展各种疗养体验，如森林芳香疗法、森林音乐疗法等。

（5）森林运动

森林运动是指以森林及其生态环境为场地，开展各种项目的一种运动方式。森林运动可以利用森林中的自然地形、植被和地貌等因素，开展越野跑、攀岩、滑雪等运动项目，实现自然环境与运动的融合。森林运动既能满足人们对运动的需求，又能促进森林旅游的发展，同时也可以加强人们对自然环境的保护意识。

森林跑步是一种相对轻松的森林运动，通常在森林小道、山路等地开展。在森林中跑步，既可以锻炼身体，又能欣赏自然美景，享受大自然带来的舒适和放松。同时，森林跑步也有益于增加人们对森林的认识和保护意识。

攀岩是一种需要较高技术和身体素质的森林运动，主要在森林中的岩壁、山崖等地开展。攀岩可以提高人们的身体协调能力和运动技巧，同时也能让人们领略到森林中的壮美景色。

滑雪是一种流行的冬季森林运动，主要在高山、山岭等雪域地带开展。滑雪可以锻炼身体，增加人们的运动技巧和协调能力，同时也能让人们领略到森林中的冬季景色。

除了以上三种运动外，还有徒步旅行、骑行等森林运动项目。这些运动都具有锻炼身体、加深人们对自然环境的认识和保护意识等多重好处，同时也有助于促进森林旅游的发展，实现森林资源的可持续利用。

四、推动可持续发展

森林资源的可持续发展是指在保障资源利用的同时，保证森林生态系统的健康和可持续性。因此，森林资源的开发利用应该遵循可持续发展的原则，兼顾经济、社会和生态效益，防止过度开发和破坏生态平衡，推动可持续发展的实现。

（一）推动绿色发展

随着人们环保意识的不断提高和可持续发展的理念日益深入人心，各国都在大力推动绿色发展。而森林资源的开发利用正是推动绿色发展的重要途径之一。首先，森林资源的可持续利用能够保护生态环境，减少污染和生态破坏，提高生态效益，实现经济发展和环境保护的良性互动。其次，森林资源的可持续利用还能够为绿色经济的发展提供支撑，推动节能减排和循环经济的发展，实现资源利用的高效化和绿色化。

（二）实现可持续能源的发展

随着全球能源危机的不断加深，可持续能源的开发和利用成为全球各国共同的目标。森林资源的开发利用是实现能源可持续发展的重要途径。对森林资源中生物质能、太阳能和水能等能源的开发利用，可以实现清洁能源的发展和可持续利用，减少对传统化石能源的依赖，实现能源结构的转型升级。

（三）保护生态环境

森林资源作为自然界最为珍贵的资源之一，对于维护生态环境和生态平衡起着不可替代的作用。森林资源的开发利用需要建立在生态环境保护的基础上，保持生态系统的稳定性和可持续性，避免过度开发和污染等行为对生态环境的破坏。通过实施生态建设和森林保护，保障森林资源的可持续利用，维护生态平衡，防止生态系统受到破坏，保护珍稀濒危物种，实现生态环境的持续发展。

（四）带动乡村振兴

森林资源的开发利用可以带动乡村旅游业的发展，进一步推动当地的经济发展。

利用森林资源发展生态农业主要包括以下几个方面。

1. 林下种植

林下种植是指在森林下层开展农业种植，利用森林的光照、土壤、水分等资源，生产绿色、有机、优质的农产品。在林下种植过程中，可以采用生态农业种植技术，如无农药、无化肥、有机肥料等，实现农业生产与森林保护的协调发展。

2. 果林养殖

利用森林资源发展果林养殖业是一种重要的生态农业方式。果林养殖可以利用森林的生态系统，实现果树的高产、高效、高质，同时还可以为森林资源的保护和管理提供助力。在果林养殖过程中，采用生态养殖技术，如采用有机肥料、无公害农药等，生产的无公害、绿色、安全的果品符合现代消费者对于健康、营养、安全的需求。

3. 休闲农业

休闲农业是指利用农业资源、自然资源和人文资源，提供农业旅游、观光、娱乐等服务，满足人们对健康、休闲、娱乐的需求。利用森林资源开展休闲农业，可以提高农业的附加值，增加农民收入，同时还可以促进森林资源的保护和管理，推动可持续发展。常见的休闲农业项目包括森林旅游、草原马术、林间采摘等。

4. 生态畜牧业

利用森林资源开展生态畜牧业也是一种重要的生态农业方式。生态畜牧业可以通过利用森林草场等资源，生产出无污染、绿色、高品质的畜产品，符合现代消费者对于健康、营养、安全的需求。在生态畜牧业的发展过程中，可以采用生态畜牧技术，如畜禽粪便处理、畜禽饲料加工等，实现农业生产与森林保护的协调发展。

第二节　森林经营的原则和策略

一、森林经营的原则

森林经营是指对森林资源进行管理和规划，以达到保护、利用和可持续发展的目标。森林经营遵循以下原则。

（一）可持续经营原则

可持续经营是指在充分保护森林生态系统的前提下，合理利用森林资源，实现经济、社会和环境的可持续发展。森林经营应遵循可持续发展的原则，保证森林资源的可持续利用，不断提高森林生态系统的稳定性和健康程度，促进生态文明建设。

（二）多功能利用原则

森林资源不仅可以提供木材、林产品和生态服务等经济价值，还具有生态、社会和文化等多种功能。森林经营应该充分考虑各种功能的相互关系和协调，实现多功能利用，综合提高森林资源的利用效益和保护效益。

（三）分类管理原则

森林资源具有多样性和复杂性，不同类型的森林资源需要采用不同的管理方式。因此，森林经营应该根据不同类型的森林资源，采用分类管理的方式，制定相应的管理措施和规划，保障森林资源的全面利用和保护。

（四）科学规划原则

科学规划是森林经营的基础和前提，只有制定科学合理的规划，才能实现森林资源的全面利用和可持续发展。森林经营的规划应该考虑森林资源的特点和规律，充分考虑经济、社会和环境等方面的因素，综合制定森林资源的管理和利用方案。

（五）社会参与原则

森林经营需要广泛的社会参与和协作，才能更好地实现保护和利用的目标。因此，森林经营应该注重社会参与，积极与各利益相关方沟通和协商，充分发挥社会力量的作用，形成共同管理、共同受益的良性循环机制。

（六）信息公开原则

信息公开是森林经营的重要保障，只有通过公开透明的信息，才能增强各利益相关方的信任和支持，促进森林经营的良性发展。森林经营的信息公开原则包括以下几个方面。

（1）信息公开的主体

信息公开应该由负责森林经营的部门或组织来负责，同时也应该向利益相关方（如森林所有者、村民等）公开信息。

（2）信息公开的内容

信息公开的内容应该包括森林资源的管理和利用情况、森林经营的政策、规划和计划等相关信息。

（3）信息公开的方式

信息公开可以通过多种方式进行，包括公开会议、公告、通知、网站公示等，应该选择最适合利益相关方获取信息的方式。

（4）信息公开的时间

信息公开应该及时进行，不应该延迟或隐瞒重要信息。

（5）信息公开的保密原则

对于需要保密的信息，应该严格遵守保密原则，不得泄露。

（6）信息公开的问责机制

对于信息公开不及时、不准确或存在其他问题的情况，应该建立问责机制，确保信息公开的有效性和透明性。

总之，信息公开是森林经营的重要保障，通过建立健全的信息公开制度，可以增强森林经营的透明度和公正性，促进森林经营的可持续发展。

二、森林经营的策略

森林经营的策略主要包括以下几个方面。

（一）生态经营策略

生态经营是指在经营森林资源时，以生态保护为前提，以生态效益为主导，综合利用森林资源的功能和特性，实现森林资源的可持续利用和生态保护。生态经营策略的核心是实现森林资源的生态效益最大化，包括土壤保持、水源涵养、气候调节、生物多样性保护等。

1. 生态经营策略的理念

（1）绿色发展理念

生态经营的核心是保护和修复生态系统，实现可持续发展。因此，绿色发展理念是生态经营策略的核心。绿色发展理念要求在经营森林资源时，必须优先考虑生态保护的需要，坚持生态优先、绿色发展的原则，实现经济、社会和生态效益的协调发展。

（2）闭合循环经济理念

生态经营策略的另一个重要理念是闭合循环经济。闭合循环经济要求将资源的生产、使用和废弃物的处理环节进行有机结合，实现资源的最大化利用和循环利用，最大限度地减少废弃物的排放和对环境的污染，从而实现生态系统的可持续发展。

（3）生态补偿机制理念

生态经营策略的第三个理念是生态补偿机制。生态补偿机制要求在经营森林资源时，不仅要重视森林资源的保护，还要对生态系统所提供的生态服务进行补偿，促进生态系统的健康发展。通过建立生态补偿机制，可以激励社会各界参与到生态保护和森林经营中来，共同实现生态系统的可持续发展。

2. 生态经营策略的内容

（1）森林资源评估和监测

生态经营策略的第一个内容是森林资源评估和监测。森林资源评估和监测是保障生态经营的重要环节，可以了解森林资源的数量、质量、空间分布等情况，制定有针对性的保护和利用策略，防止森林资源的过度开发和损失。

（2）保护和修复生态系统

生态经营策略的核心是保护和修复生态系统。在森林经营中，保护和修复生态系统可以通过以下几个方面实现。

①森林保护。采取措施保护森林资源，控制伐木量，防止盗伐和非法采伐，确保森林生态系统的稳定性和可持续性发展。

②森林修复。通过植树造林、退耕还林、山地治理等方式，修复受损的森林生态系统，恢复生态功能和生态服务能力。

③生物多样性保护。通过建立自然保护区、开展保护野生动植物等措施，保护生物多样性，维护生态平衡。

④土地保护。保护土地资源，防止土地沙漠化、草原退化等问题，通过治理沙漠、植树造林等方式，提高土地的生产力和生态功能。

⑤水资源保护。保护水源地，加强水资源管理和保护，控制水污染，保证水质和水量的可持续利用。

⑥废弃物处理。加强森林废弃物的处理和利用，减少废弃物的排放和污染，提高资源利用效率。

⑦环境监测。通过建立环境监测系统，及时监测森林生态系统的健康状况，预警生态环境风险，保障生态系统的稳定性。

通过以上几个方面的措施，可以使生态经营策略得到有效实施，保障森林资源的可持续发展，同时也为生态环境保护和生态文明建设做出贡献。

（二）科技创新策略

随着科技的不断进步，森林经营的科技创新策略越来越受到重视。科技创新可以提高森林资源的利用效率，降低生产成本，同时也可以推动森林经营的可持续发展。比如，利用现代信息技术和智能化设备，可以实现森林资源的数字化管理和监测，提高森林资源的管理水平。

1. 应用新技术

随着科技的不断进步和发展，新技术的应用已经成为提高森林经营效率和效益的重要途径之一。例如，使用卫星遥感技术对森林进行监测和管理，可实现森林覆盖率、林分面积、森林类型等信息的快速获取和分析，为森林经营决策提供科学依据。

另外，利用人工智能、物联网等新技术，可以实现森林资源的智能化管理，提高森林资源的利用效率和管理水平。例如，通过搭建智能化监测系统，可以对森林生长环境进行实时监测和控制，为森林资源的保护和经营提供技术支持。

2. 推广绿色技术

绿色技术是指对环境和资源影响较小、具有可持续性的技术。在森林经营中，推广绿色技术可以有效降低生产成本、减少资源消耗，同时还可以保护生态环境，提高森林资源的可持续性。例如，采用绿色化学技术对木材进行加工，可以减少污染物的排放，降低环境风险；采用生物技术进行森林病虫害防治，可以避免对生态环境造成影响。

3. 开展科技合作

科技合作是指在森林经营中开展跨国、跨地区的科技合作，共享技术和资源，推进森林经营的可持续发展。在科技合作中，不同国家或地区可以通过共同研究、技术转移等方式，互相学习和借鉴先进技术，提高自身的技术水平和经营能力。例如，中国与北欧国家在森林经营和生态保护等领域开展了多项科技合作项目。

4. 开展科技创新竞赛

科技创新竞赛是指在森林经营中开展创新性的科技比赛和评选活动，以激发和引导企业和个人在森林资源开发利用中的创新意识和能力。通过科技创新竞赛，可以集中优势资源，整合创新创业人才，引导科技研发和成果转化，推动森林经营的创新发展。

科技创新竞赛可以包括以下内容。

①科技创新项目竞赛：通过征集科技创新项目，进行评选和奖励，鼓励和支持森林经营中的创新项目和成果转化，促进科技成果向市场转化和应用。

②科技创新人才竞赛：面向森林经营领域，组织和开展青年创新创业大赛、科技创新论坛等活动，鼓励和支持森林经营领域的青年人才和科技创新人才，促进森林经营的技术创新和进步。

③科技创新合作竞赛：开展跨领域、跨行业的科技创新合作，促进不同领域之间的知识交流和技术创新，推动森林经营的跨界融合和创新发展。

通过开展科技创新竞赛，可以发挥创新创业人才的积极性和创造力，推动森林经营的技术创新和发展，提高森林资源利用效益，推动森林资源可持续利用和保护。同时，科技创新竞赛还可以促进科技成果向市场转化和应用，推动科技创新成果的产业化，促进森林经营的产业转型升级。

（三）市场化经营策略

市场化经营是指在保证森林资源生态效益和社会效益的前提下，利用市场机制实现森林资源的最大经济效益。市场化经营策略的核心是发掘森林资源的市场价值，包括木材加工、林产品加工、旅游观光等。同时，市场化经营策略也要注重保护森林资源，防止过度开发和滥伐森林资源。

1. 建立市场导向的森林经营机制

建立市场导向的森林经营机制，可以让经营者更好地了解市场需求和趋势，以此来指导经营决策和资源配置，提高经营效率和质量。在市场导向的经营机制下，森林资源可以被视为商品，在市场上进行交易和竞争。

2. 推行市场化的森林资源评估体系

建立市场化的森林资源评估体系，可以更准确地评估森林资源的价值和质量，为森林经营提供科学依据。同时，将评估结果公开透明，可以提高市场参与者对森林资源的信任度和参与度。

3. 建立市场化的销售渠道

通过建立市场化的销售渠道，可以将森林资源有效地推向市场，满足市场需求，同时实现经济效益最大化。建立多元化的销售渠道，如电商平台、线下店铺、批发市场等，可以拓展森林资源的销售范围，提高销售效率。

4. 引入金融手段，提高资金利用效率

通过引入金融手段，如森林资源抵押、债券融资等方式，可以提高资金利用效率，降低森林经营的资金成本。同时，金融手段可以为投资者提供更多的投资渠道，促进资本流向森林经营领域，推动森林资源的开发和利用。

5. 建立品牌化的森林经营

建立品牌化的森林经营，可以通过品牌的影响力和美誉度，提高森林资源的知名度和附加值。建立品牌化的森林经营需要注重产品的品质和服务质量，通过专业化的管理和营销手段，建立起具有竞争力的森林资源品牌。

（四）多元化经营策略

多元化经营是指在经营森林资源时，采用多种经营方式，实现森林资源的

多元化利用。多元化经营策略的核心是发挥森林资源的多功能性，不仅局限于单一的木材加工、林产品加工等领域，还要将森林资源与其他领域相结合，比如生态农业、生物质能等。

1. 开展林下经济和开发林业产业

林下经济是指在林地利用上，除了森林木材、竹材等资源外，还利用森林下层的草本植物、蕈类、藻类等进行经济开发。林下经济不仅能够增加森林资源的经济价值，同时也能够改善生态环境，提高森林资源的综合效益。

林业产业是指在森林中开展旅游、采摘、养殖等业务。开发林业产业，可以充分利用森林的生态资源，提高森林经济的效益，并且可以促进生态旅游、农业旅游等业务的发展。

2. 发展森林药材产业

森林药材是指在森林中采集和栽培的各种植物药材，具有良好的市场前景和经济效益。发展森林药材产业，可以促进森林经济的多元化发展，同时也能够改善生态环境，保护森林资源。

3. 推进生态农业的发展

生态农业是指利用生态学原理和方法，开展环保型农业，实现农业可持续发展。在森林资源保护和利用的基础上，开展生态农业、有机农业等项目，可以提高农产品的品质和附加值，满足消费者对绿色、健康农产品的需求，为农民带来更多的收益和就业机会。

4. 拓展森林旅游业务

森林旅游是指利用森林景观资源和森林生态环境，开展生态旅游、休闲旅游、文化旅游等业务。拓展森林旅游业务，可以提高森林资源的经济效益和社会效益，同时也能够促进当地旅游业的发展，带动乡村振兴和城乡经济一体化发展。

5. 发展森林能源产业

森林能源产业是指利用森林生物质等资源生产能源的产业。森林能源产业具有环保、可再生等特点，是替代传统化石能源的重要途径之一。发展森林能源产业不仅可以促进森林资源的有效利用，还可以为能源行业的发展提供新的增长点。下面介绍几种常见的森林能源产业发展方式。

（1）生物质能产业

生物质能产业是指利用森林生物质作为原料，生产热能和发电的产业。生物质能产业具有环保、可持续等特点，是替代传统化石能源的重要途径之一。生物质能产业可以利用森林中的枝干、树皮、秸秆等废弃物和剩余物，进行生物质能生产，同时也可以通过种植能源林，实现生物质能的可持续生产。

（2）木材能产业

木材能产业是指利用森林资源生产木材燃料的产业。木材能产业可以利用森林中的树木，生产木材颗粒、木材炭等燃料，同时也可以通过种植经济林，实现木材的可持续生产。

（3）森林废弃物利用产业

森林废弃物利用产业是指利用森林中的废弃物和剩余物，生产燃料和化学品的产业。森林废弃物利用产业可以利用森林中的枝干、树皮、秸秆等废弃物和剩余物，生产木屑颗粒、生物炭等燃料，同时也可以通过化学加工，生产木醋液、木糖醇等化学品。

（五）国际化经营策略

国际化经营是指在经营森林资源时，开展跨国合作，实现森林资源的国际化开发和利用。国际化经营策略的核心是发掘海外市场和合作机会，通过国际贸易、技术合作等方式，推动森林资源的可持续开发和利用，同时也可以吸引外资，促进经济发展。下面介绍几种常见的国际化经营策略。

1. 跨境合作

跨境合作是指在国家间或地区间开展森林资源的开发利用合作。通过跨境合作，可以将不同国家或地区的森林资源进行整合和优化利用，实现资源的最大化价值。跨境合作还可以促进不同国家之间的技术交流和经验分享，推动森林资源开发利用技术的不断升级和创新。

2. 国际贸易

国际贸易是指在国际市场上开展森林资源的贸易活动。通过国际贸易，可以实现森林资源的有序流动和利用，提高资源的经济价值。同时，国际贸易还可以促进不同国家之间的经济互利和贸易合作，实现共同发展。

3. 技术合作

技术合作是指在森林资源的开发利用过程中，开展技术交流和合作。通过技术合作，可以共同研发和推广新的森林资源开发利用技术，提高资源的利用效率和附加值。同时，技术合作还可以促进不同国家之间的科技创新和发展，实现共同进步。

4. 跨国投资

跨国投资是指在不同国家或地区开展森林资源的投资活动。通过跨国投资，可以利用不同国家或地区的资源优势和市场优势，实现资源的最大化价值。同时，跨国投资还可以促进不同国家之间的经济合作和贸易往来，实现共同繁荣。

总之，国际化经营策略是森林经营中的重要组成部分，能够实现森林资源的最大化价值和可持续利用，促进不同国家之间的经济互利和贸易合作，实现共同发展和繁荣。

三、森林旅游资源开发

（一）森林旅游资源开发的概念

森林旅游资源开发是指在保护生态环境的前提下，开发森林作为旅游目的地的资源，包括森林中的自然景观、野生动物和植物、文化遗产等。从产业链条角度来看，森林旅游资源的拉动力较强，可较好地带动购物、住宿、建筑等行业，同时需 要综合考虑旅游业的经济效益、社会影响和生态环境的保护。随着人们生活水平的提升，森林旅游产业已从粗放化发展向精细化发展迈进，游客也从原来的观光游向深度游迈进。当前森林旅游热逐渐升温，但综合全国各地发展现状分析，我国森林旅游资源的开发总体还处于初始阶段。

（二）森林旅游资源开发的现状

1. 森林资源分配不均衡

从我国森林资源分布来看，省与省之间的空间分布不均衡，在一些资源禀赋较好的省份，森林资源旅游开发比较成熟，相应的旅游景区也较多。但对森林资源相对匮乏的省份，虽然也想通过开发建设充分利用森林资源，但由于本身条件有限，往往发展得不尽如人意。

2. 森林旅游景观的开发较单一

为了增加旅游的吸引力，很多地区在森林旅游景观的营造上下足了功夫，例如在景区内建造主题公园、搭建观景台等，在景区营造的过程中注重生态保护和文化遗产保护，确保营造过程符合可持续发展原则。景区营造的规划、设计和建设应该采取科学的方法和技术，充分考虑景区生态和文化的特点和需求，确保生态环境不受破坏。部分省份森林资源开发过于原始化，处于旅游资源开发的初级阶段，仅仅进行简单的“游山玩水”，没有进行深度挖掘，产业链条也较短，周边经济带动不明显。从当前森林旅游资源开发的现状来看，还存在知名度缺乏、服务质量较低、开发较单一等问题。

3. 森林旅游资源管理不规范

部分地区重视旅游资源开发，轻视旅游资源管理，这种现象可能导致旅游资源的开发和利用过程中出现多种问题，如环境破坏、安全事故、社会矛盾等，既没有较好地利用森林旅游资源，又破坏了生态环境。

（三）森林旅游资源开发的指导思想

1. 树立生态优先的指导思想

森林旅游资源开发的第一原则是保护生态环境。开发过程中应该注重生态环境的保护，避免过度破坏自然环境，确保旅游活动对生态环境的影响最小化。

2. 树立以人为本的指导思想

森林旅游资源开发应该以人为本，注重游客的体验和需求，提供高品质的旅游服务和旅游产品。同时，也需要关注当地社区和文化的特点和需求，为当地社区提供就业和收入的机会，推动当地经济的繁荣。

3. 树立可持续发展的指导思想

森林旅游资源开发应该遵循可持续发展原则，实现经济、社会和环境的协调发展。开发过程中应该采用科学规划和管理，注重旅游资源的可持续利用，确保旅游活动对环境的影响最小化，同时也需要注重旅游业的经济效益和社会效益。

4. 树立多元化的指导思想

森林旅游资源开发应该注重多元化，提供多样化的旅游产品和服务，满足不同游客的需求。同时，也需要注重旅游产品和服务的创新，不断提升旅游业的竞争力和吸引力。

（四）森林旅游资源开发的总体思路

1. 树立“绿水青山就是金山银山”的林业发展观

“绿水青山就是金山银山”是一种新的林业发展观，旨在提倡以保护生态环境为前提，促进经济社会可持续发展的理念。我国工业化水平的快速提升给环境带来了一定的伤害，从林业发展来看，长期以伐木为主，导致了大量的森林资源的破坏和损失，给生态环境和生物多样性带来了严重的影响。新时期森林旅游资源开发必须坚持可持续发展战略，提升资源利用的附加值是根本之策，打造森林旅游资源品牌，提升经济价值，探索更多、更有成效的生态旅游发展模式。

2. 以科学合理的规划为前提

新时期森林旅游资源开发必须高度重视顶层的规划设计，规划是否科学合理直接关系到森林旅游资源的保护程度。一方面，森林旅游资源的规划设计应该充分考虑生态保护，确保旅游活动对森林生态系统的影响最小化。另一方面，森林旅游资源的规划设计也应该充分考虑游客的需求和安全，实现资源开发与生态保护的协调发展。从目前森林旅游资源开发趋势看，全域旅游最受群众欢迎，未来森林旅游资源的开发要结合这一趋势，建立市场抓手，不断完善健全服务体系。创新招商引资的模式，开发优质的旅游项目吸引运营商和投资主体的加入。

3. 构建相互协作配合的工作机制

森林旅游资源开发利用不仅是一个部门的工作，而是需要自然资源规划局、文旅局、招商局等多部门协调配合，只有各部门密切合作，形成合力，才能实现旅游资源的可持续利用，促进经济和社会的发展，同时保护生态环境，促进资源开发的转型升级，科学合理地实现森林资源的开发利用。

4. 运用科学手段，实施集约发展

首先，在森林旅游资源开发规划阶段要充分运用科学手段，需要对所拥有的森林资源进行全面的调查和评估，包括生态环境、自然景观、文化遗产等方面的情况，以便更好地了解资源的特点和潜力。

其次，充分利用科学手段提升森林资源开发利用的效率时，还应考虑到环境保护和可持续发展的因素，利用现代科学手段避免对环境造成破坏，同时确保资源的长期利用。

再次，在市场运营上，充分借助科技手段实现运营手段的现代化，要大力发展“互联网+”“旅游+”运营手段，充分整合市场资源，展示森林旅游形象。

最后，在投融资模式上，需要引入旅游开发前期的资金投入和要素配置，实现产品的品质和市场竞争力的提升。充分发挥文化与旅游融合发展的优势，遵循一体化的发展思路，延长产业发展链条，实现经济效益的增加。比如开发户外探险活动、文化旅游养生项目、特色商业等，这些有效举措必将促进森林旅游资源开发的绿色化和生态化。

5. 实施科学的旅游资源规划

旅游资源规划是对资源的顶层设计，也可以避免森林资源的破坏。在制定森林旅游资源规划时，需要考虑以下几个方面。

（1）注重因地制宜

制定森林旅游资源规划时，需要根据当地森林情况制定，充分考虑当地的自然环境、文化和社会背景，根据自身的实际情况和特点，进行顶层设计。只有这样，才能制定出科学、合理、可行的规划方案。

（2）遵循保护生态的指导原则

旅游资源规划的制定要充分考虑森林资源的承载力，在选定项目时，应该优先考虑资源的保护和可持续利用。要避免对自然环境和生态系统造成破坏，并确保旅游活动对生态环境的影响最小化。

（3）树立全域旅游的理念

全域旅游是一种以旅游产业为中心，将旅游与当地社区、文化、生态、产业等多个领域有机结合的旅游发展模式，这是未来旅游发展的主要趋势。旅游资源规划的制定必须着眼于要素的配置，充分考虑后续运营过程中可能遇到的问题，打造完善健全的运营服务体系。森林旅游资源发展，需要树立全域旅游的理念，实现旅游产业与当地社区、文化、生态、产业等多个领域的深度融合。只有在全域旅游的理念指导下，才能够实现森林旅游资源的可持续发展，为促进经济、社会和环境的协调发展做出更大的贡献。

6. 树牢保护生态的底线意识

随着国民经济的发展，出行旅游的人也越来越多，从生态保护的角度分析，游客活动本身就是污染之一，而且是不可避免的污染，加上一些游客素质较低，这些都会破坏森林旅游资源。因此，要切实树牢保护生态环境的底线意识，加强生态环境保护宣传，加强生态区域的执法检查和监督，科学合理地控制景区人流量，尽可能将污染降到最低，实施生态修复和治理，同时要以法律作为支撑，确保森林旅游资源开发利用的合法性和可持续性。

（五）森林公园旅游资源开发

1. 森林公园旅游资源开发原则

（1）可持续发展原则

森林公园旅游资源开发应该将旅游资源开发与资源保护结合起来，正确处理好保护资源与利用资源的关系，坚持生态环境和资源保护优先，生态、经济协调发展和资源可持续利用的原则，在坚持保护的前提下开发，实现森林公园的可持续发展。

（2）绿色生态原则

以森林为特色资源的森林公园应尽力塑造“生态旅游”的形象，通过加强生态环境保护、推广低碳旅游、强化环保教育、优化旅游服务和设施、发展生态旅游产品等多种方式，实现旅游业和生态环境的良性互动，推动旅游业的可持续发展。

（3）地域特色原则

充分发挥森林公园自然资源、历史文化和民俗风情优势，从资源特色和地区文化出发，优化旅游产品结构，设计具有地方特色的产品，增强旅游市场竞争力。

（4）市场导向原则

充分研究市场需求、地方旅游资源优势及开发条件，开发出适销对路、市场竞争力强、经济效益好、发展前景广阔的旅游产品。

（5）创建品牌原则

品牌是攻占市场的有力武器。森林公园要充分利用自身的资源优势，深入开发旅游产品，创建具有自身特色的旅游品牌，形成品牌效应。挖掘旅游品牌的文化价值是塑造品牌形象、建立品牌个性、吸引旅游者与争取品牌忠诚度的核心。

（6）注重效益原则

森林公园旅游资源开发，既可以促进当地森林旅游业发展，为旅游业创收；也可以加强对森林公园旅游资源的保护，既保护了一片森林，又是保护人们赖以生存的生态环境；同时，还可以强化林业经济，带动山区、林区群众脱贫致富，一举三得。

2. 森林公园旅游资源开发模式

森林公园旅游资源开发按照旅游资源特征和区位状况可分为以下几类。

（1）城郊型开发模式

城郊型开发模式适合位于大中城市的近郊区、距市区多在 10 ~ 50 km 的森林公园，以大中城市为主要客源市场，为游客提供短期居家游憩的场所。其旅游产品开发模式以开发周末休闲、度假、娱乐活动的产品为主，还可以结合旅游地产开发高端景观住宅和商务会议设施。

（2）人文生态综合开发模式

目前，大部分森林公园皆是此种开发模式，这种开发模式适合指森林景观类型多样、人文景观比较突出、森林生态环境良好、旅游吸引力强的森林公园。其旅游产品开发的基本模式是以开发观光度假类、历史文化感悟类、宗教朝拜类、民族风情体验类、野营拓展类等产品为主。

（3）自然生态主体型开发模式

适合这种开发模式的森林公园一般地处偏远山区，人迹罕至，原始森林葱郁神秘，原生态环境保持较好，植被覆盖率极高，生物物种丰富，自然条件非常优越，自然旅游资源十分丰富。其旅游产品的开发模式一般以观光度假类、科普教育类、探险类等为主。

（4）主题型开发模式

主题型开发模式适合指植被类型比较单一或某种资源特别突出，以某一种植物物种或文化内涵构成的优美风景为主体，而其他景观丰富度或集中度一般的森林公园。其旅游产品开发的基本模式除开发独特景观景致外，还可以开发主体文化，如举办文化旅游节等。

3. 森林公园旅游产品开发

以下按照不同的类型分别对森林公园旅游产品开发进行产品定位研究，在具体开发实践中，可以作为参考，视具体情况对旅游项目进行增减。

（1）近郊型森林公园旅游产品开发

近郊型森林公园最大的优势就是靠近大中城市的区位优势，客源量充足稳定且重游率高，针对周末和节假日市场开发家庭游憩类、休闲娱乐类、观光度假类、旅游地产类、疗养康健类、商务会议类、森林运动类等旅游产品。

（2）人文生态综合型森林公园旅游产品开发

人文生态综合型森林公园旅游资源的特点是森林生态环境与人文历史资源并举。这一类的森林公园旅游资源开发以丰富的森林资源为基础，以独特的森林文化、宗教文化、历史文化为依托，以原始森林环境与险峻地貌景观为优势，以古朴的民族风情为特色，集森林生态旅游、历史文化感悟、朝拜、民俗风情体验、野营拓展、特色餐饮购物为一体。

（3）自然生态主体型森林公园旅游产品开发

自然生态主体型森林生态公园不同于其他类型森林公园的主要特点是，一般森林公园主要是在林场基础上建立的，而自然生态主体型森林公园一般是在较偏远地区原始森林的基础上发展起来的，由于距人类活动较频繁的区域较远，保留了原始森林的原真性，动植物资源种类和品种较多，民俗风情纯朴，开发生态观光类、休闲度假类、科考教育类、森林探险类等旅游产品得天独厚。

表 2–1　人文生态综合型森林公园旅游产品开发定位表

产品类型	开发思路	旅游产品
生态观光类	这一类森林公园资源原生性强，层次品位高，观赏性强。开展生态观光旅游，游客通过观赏、体验，科研陶冶情操，获得休闲享受	1. 原生态森林环境观光； 2. 独特的地质地貌观光； 3. 珍稀动植物观光； 4. 原始村落民俗观光等
休闲度假类	生态环境较好，森林小气候明显，适宜开发各种休闲度假类产品，迎合“回归大自然”的旅游热潮	1. 度假山舍、景观山房； 2. 野外烧烤； 3. 亲水娱乐； 4. 养生休闲运动项目等
科考教育类	公园内地理成分复杂，物种丰富度和多样性指数高，区内有众多的科研价值高、观赏性强的野生保护动植物，具有较大的保护和科研观赏价值	1. 独特的地质地貌考察； 2. 珍稀动植物考察； 3. 人类文化考察等
森林探险类	这类森林公园森林覆盖率高，林区小径曲折崎岖，开展森林探险旅游得天独厚	1. 高山探险； 2. 原始森林探险； 3. 水域探险等

（4）主题型森林公园旅游产品开发

主题型森林公园旅游资源特点是旅游资源相对单一，但优势明显、特色鲜明，除可开发独特景观景致外，还可以开发主题文化、举办旅游文化节等。

表 2–2　主题型森林公园旅游产品开发定位表

产品类型	开发思路	旅游产品
生态观光主题类	这一类森林公园资源特色鲜明，专题性强，开展专题生态观光，可以满足游客的观赏、求知欲	1. 百里画廊景观； 2. 林海景观； 3. 地质地貌景观； 4. 珍稀动植物景观灯
环保低碳主题类	将环保、低碳理念融入森林旅游资源的开发中，符合新时代旅游经济发展趋势，提升旅游吸引物质量	1. 湿地、海洋、森林自然旅游资源； 2. 低碳建筑设施、低碳产业示范园； 3. 低碳旅游活动产品等
文化体验主题类	借助独具特色的地域文化，开发森林文化主题类、民俗文化主题类等产品，增强森林公园吸引力和品牌号召力	1. 森林文化主题类； 2. 民俗文化主题类； 3. 运动文化主题类
旅游节庆等	开展节庆旅游，可以扩大景区知名度，不断丰富公园旅游内容、延长节庆时间，对提升品牌形象具有重大的意义	1. 旅游文化节； 2. 民俗节庆； 3. 学术研讨会等

第三节　森林经济效益评价方法

森林经济效益评价是指对森林经济活动进行综合评估，以确定其经济效益的高低，为制定森林经济政策、规划和决策提供参考。

一、成本收益分析法

成本收益分析法是一种经济学方法，通过对森林经济活动所需的成本和收益进行分析，确定其是否具有经济效益。该方法将森林经济活动的成本分为直接成本和间接成本，将收益分为直接收益和间接收益，并对其进行逐一比较，以确定其经济效益的高低。

（一）成本收益分析法的基本原理

成本收益分析法是一种计算经济效益的方法，其基本原理是通过比较森林经济利益和成本来判断森林资源开发和管理的经济效益。具体来说，成本收益分析法的基本原理可以归纳为以下几点。

（1）确定项目的收益来源：森林资源开发和管理项目的收益来源可以包括木材、竹材、林产品、生态旅游、碳汇等。

（2）估算项目的收益：通过市场调研、历史数据分析等方法，估算项目的收益，包括销售收入、增值收益、生态效益等。

（3）确定项目的成本：项目成本包括投资成本、运营成本、维护成本等。

（4）比较收益和成本：将项目的收益与成本进行比较，计算净收益，判断森林资源开发和管理项目的经济效益。

（二）成本收益分析法的步骤

成本收益分析法的步骤可以分为以下几个方面。

（1）确定评价对象：确定评价对象，即确定要对哪些森林资源开发和管理项目进行经济效益评价。

（2）收集数据：收集项目的收益数据和成本数据，包括销售收入、增值收益、生态效益等，以及投资成本、运营成本、维护成本等。

（3）估算项目的收益：通过市场调研、历史数据分析等方法，估算项目的收益。

（4）确定项目的成本：确定项目的投资成本、运营成本和维护成本等。

（5）计算净收益：将项目的收益减去成本，得到净收益。

（6）进行经济效益分析：根据净收益，进行经济效益分析，判断森林资源开发和管理项目的经济效益。

（三）成本收益分析法的应用

成本收益分析法可以应用于森林资源开发和管理项目的经济效益评价。具体应用如下。

1. 林木经营项目

针对不同类型的林木经营项目，可以进行成本收益分析。以造林项目为例，通过对项目所需的土地、种苗、肥料、劳动力等成本的核算，以及项目预计的木材收益、生态效益等收益的估算，得出该项目的成本收益比。如果该比值大于1，说明该项目具有经济效益。

2. 旅游开发项目

在森林旅游开发项目中，可以通过成本收益分析法评估项目的经济效益。比如，对于一座森林公园的建设，可以通过对项目所需的场地、建筑、设备、人力资源等成本的计算，以及预计的门票收益、旅游支出等收益的估算，得出该项目的成本收益比。同样，如果该比值大于1，说明该项目具有经济效益。

3. 生态保护项目

对于森林生态保护项目，也可以通过成本收益分析法评估其经济效益。比如，对于一项森林采伐限额管理项目，可以通过对项目所需的人力资源、设备、维护等成本的核算，以及预计的森林资源保护收益、生态环境效益等收益的估算，得出该项目的成本收益比。如果该比值大于1，说明该项目具有经济效益。

4. 碳汇项目

碳汇项目是指通过森林保护和林木经营等方式，将大气中的二氧化碳固定在森林生态系统中，以减缓气候变化的影响。在碳汇项目中，可以通过成本收益分析法评估其经济效益。通过对项目所需的土地、种苗、肥料、人力资源等成本的核算，以及预计的碳汇收益等收益的估算，得出该项目的成本收益比。如果该比值大于1，说明该项目具有经济效益。

总之，成本收益分析法是一种基于成本和收益的评价方法，可以应用于各种类型的森林资源开发和管理项目的经济效益评价。通过该方法，可以评估项目的经济效益，为项目决策提供科学的依据。

二、财务分析法

财务分析法是指对森林经济活动的财务状况和财务指标进行分析，以确定其经济效益的高低。该方法主要通过分析森林经济活动的资产、负债、收入和支出等财务指标，以及财务比率和财务预测等方面的数据，确定其经济效益的水平。

（一）净现值法（NPV）

净现值法是指将项目的未来现金流量贴现至当前时点，计算项目的净现值，以判断项目的投资回报率和财务可行性。该方法主要涉及以下步骤。

（1）确定项目的现金流量，包括项目的投资、运营和收益等方面的现金流入和流出。

（2）确定贴现率，即将未来现金流量折算为当前现值的利率。

（3）将项目未来现金流量贴现至当前时点，计算项目的净现值。若净现值为正，则说明项目具有盈利能力和投资价值；若净现值为负，则说明项目不具备盈利能力和投资价值。

净现值法在森林经营项目的评价中广泛应用，可以对不同投资方案进行比较和选择，从而实现项目的最优化配置。

（二）内部收益率法（IRR）

内部收益率法是指通过计算项目的内部收益率，判断项目的投资回报率和财务可行性。该方法主要涉及以下步骤。

（1）确定项目的现金流量，包括项目的投资、运营和收益等方面的现金流入和流出。

（2）计算项目的内部收益率，即使得净现值为零的贴现率。内部收益率反映了项目的投资回报率和财务可行性。

（3）与其他投资方案进行比较，选择内部收益率最高的方案。

内部收益率法可以用于评价森林经营项目的投资回报率和财务可行性，是一种常用的财务分析方法。

（三）收益成本比法（BCR）

收益成本比法是指计算项目的现金流入与现金流出的比率，以评价项目的经济效益和财务可行性。该方法主要涉及以下步骤。

（1）确定项目的现金流量，包括项目的投资、运营和收益等方面的现金流入和流出。

（2）计算项目的收益成本比是财务分析法的另一种应用方式。它是指计算项目的现金流入与现金流出的比率，用来评估项目的经济效益和可行性。

计算收益成本比需要确定项目的现金流入和现金流出。现金流入通常包括项目的销售收入、投资收益等；现金流出则包括项目的投资成本、运营成本、税费等。在计算时，需要考虑现金流量的时间价值，即将未来的现金流折现至现在。

收益成本比的计算公式：收益成本比 = 现金流入总额 / 现金流出总额

一般来说，收益成本比大于 1，表示项目收益大于成本，即项目是可行的；收益成本比小于 1，则表示项目不可行。收益成本比等于 1，表示项目的收益和成本相当。

财务分析法和成本收益分析法都是常用的经济效益评价方法，可以相互补充，用于对森林经济项目进行综合评价。

三、环境成本效益分析法

环境成本效益分析法是指对森林经济活动对环境产生的影响进行评估，以确定其经济效益的高低。该方法主要通过评估森林经济活动对大气、水体、土壤等环境的影响，以及生态系统的稳定性、生物多样性等方面的数据，确定其经济效益的水平。

（一）环境成本效益分析法概述

随着社会经济的发展，人们对环境保护的重视程度不断提高，环境成本效益分析法成了评估和规划森林经济项目的重要工具之一。环境成本效益分析法是指在进行森林经济项目评价时，考虑项目对环境的影响，将环境成本纳入经济效益分析中，实现经济与环境的协调发展。

（二）环境成本效益分析法的应用

环境成本效益分析法可以应用于森林资源开发和管理项目的经济效益评价。具体应用包括以下几个方面。

1. 经济效益与环境成本的权衡

环境成本效益分析法可以帮助评估项目的经济效益和对环境的影响，并对二者进行权衡。在评估经济效益时，需要考虑项目的投资和运营成本，以及收益和盈利能力等因素。在评估环境成本时，需要考虑项目对水土资源、生态系统和生物多样性等的影响，以及环境修复和保护的费用等因素。将二者进行权衡，得出经济效益与环境成本的比较结果，为项目的决策提供参考。

2. 环境成本的计量和评估

环境成本效益分析法可以帮助计量和评估项目对环境造成的影响和损失。通过对项目所在地区的生态系统和生物多样性等环境要素的调查和评估，可以得出项目对环境的影响和损失。同时，可以评估环境修复和保护的成本，包括土地治理、水土保持、植树造林、生态补偿等费用。

3. 环境成本的分摊和分配

环境成本效益分析法可以帮助确定环境成本的分摊和分配方案。在评估环境成本时，需要考虑不同利益相关方之间的利益关系和责任分配。例如，在森林资源开发项目中，土地所有者、投资者、经营者、政府部门和社会公众等利益相关方都需要承担一定的环境成本，因此需要确定合理的环境成本分摊和分配方案。

（三）环境成本效益分析法的优缺点

1. 优点

（1）环境成本效益分析法能够对环境和社会经济两方面的成本和效益进行全面考虑，从而更加全面准确地评估项目的经济效益和环境影响。

（2）环境成本效益分析法能够考虑项目对环境的不良影响，从而引导决策者在项目实施过程中采取措施降低环境影响，保护生态环境。

（3）环境成本效益分析法能够提高决策的透明度和公正性，保证决策的合理性和公正性。

2. 缺点

（1）环境成本效益分析法需要大量的数据和信息支持，且数据来源不一定准确和可靠，因此可能存在数据不确定性和主观性的问题。

（2）环境成本效益分析法需要进行复杂的计算和分析，需要具备较高的专业知识和技能。

（3）环境成本效益分析法可能存在价值观偏差的问题，即对环境和社会的价值评估存在差异，因此对于同一项目可能得出不同的评估结果。

四、社会成本效益分析法

社会成本效益分析法是指对森林经济活动对社会产生的影响进行评估，以确定其经济效益的高低。该方法主要通过评估森林经济活动对就业、收入、生活质量等方面的影响，以及对社会稳定和公共安全的贡献等方面的数据，确定其经济效益的水平。

（一）社会成本效益分析法的原理

社会成本效益分析法是一种综合性的经济评价方法，其核心思想是在森林经济活动中，既要考虑到经济成本和效益，也要充分考虑到社会成本和效益。其中，社会成本是指森林经济活动所带来的负面影响和损失，包括环境污染、自然资源的消耗、社会福利减少等方面；社会效益则是指森林经济活动所带来的正面影响和收益，包括就业机会、环境保护、社会福利增加等方面。

社会成本效益分析法的核心原理是将社会成本和社会效益转化为货币单位，并进行比较。具体来说，就是通过收集、计算和分析森林经济活动所产生的各项社会成本和社会效益，并将其转化为货币单位，进而确定森林经济活动的实际成本和效益，并做出相应的决策和规划。

（二）社会成本效益分析法的步骤

1. 确定评价对象和评价指标

首先需要明确评价对象和评价指标。评价对象一般是指具体的森林经济活动项目，而评价指标则包括经济成本和效益、社会成本和效益等方面的指标。评价指标应该具有可量化性和可比性，以便进行数据分析和比较。

2. 收集数据和信息

收集相关的数据和信息，包括森林经济活动的收益、成本、投资、利润、社会成本和效益等方面的数据。数据来源可以包括森林经营企业、相关政府部门、行业协会等。

3. 计算经济成本和效益

经济成本和效益是评价森林经济活动的核心指标。在计算经济成本和效益时，需要考虑到直接成本和效益的因素，以及间接成本和效益的因素。下面将对这些因素进行详细介绍。

（1）直接成本和效益

直接成本是指直接发生在经济活动中的成本，例如劳动力、原材料、设备等成本。直接效益则是指直接由经济活动带来的效益，例如产品销售收入、出租收入等。

在森林经济活动中，直接成本和效益的计算通常较为简单明确。例如，在进行森林伐木经营时，直接成本包括伐木成本、运输成本、加工成本等，直接效益则包括销售收入、租金收入等。

（2）间接成本和效益

间接成本是指与经济活动相关的成本，但不是直接发生在经济活动中的成本，例如环境污染治理成本、社会安全保障成本等。间接效益则是指由经济活动带来的间接效益，例如促进当地经济发展、提高居民生活质量等。

在森林经济活动中，间接成本和效益的计算较为复杂，通常需要进行综合评价。例如，在进行森林旅游经营时，间接成本包括生态环境损害成本、交通拥堵成本等，间接效益则包括促进当地旅游业发展、提高当地居民收入等。

（3）环境成本和效益

环境成本是指经济活动对环境所造成的损害成本，例如森林砍伐对生态系统造成的破坏成本、空气污染对人体健康造成的医疗成本等。环境效益则是指经济活动对环境所造成的改善效益，例如森林保护对水土保持、气候调节等方面的效益。

在森林经济活动中，环境成本和效益的计算需要考虑到森林资源的复杂性和生态系统的稳定性，计算方法相对较为复杂。例如，在进行森林保护经营时，环境成本包括生态系统损害成本、环境治理成本等，环境效益则包括水土保持、气候调节等方面的效益。

（4）社会成本和效益

社会成本是指经济活动对社会全面利益的损失，包括经济、环境和社会等方面。社会效益是指经济活动对社会全面利益的增益，包括经济、环境和社会等方面。

在森林经济活动中，社会成本和效益的计算是非常重要的，可以帮助决策者更全面、更客观地评价森林经济活动的影响。下面分别介绍森林经济活动中的社会成本和效益。

①社会成本

a. 经济成本。经济成本是指森林经济活动对社会经济利益造成的损失，包括直接成本和间接成本。直接成本包括生产成本、管理成本、营销成本等，这些成本通常可以通过会计核算方法进行计算。间接成本包括环境成本和社会成本，这些成本通常比较难以计算，需要通过专门的方法进行估算。

b. 环境成本。环境成本是指森林经济活动对自然环境造成的负面影响，包括森林破坏、生态系统失衡、水土流失等。环境成本可以通过环境影响评价、生态补偿等方式进行计算。

c. 社会成本。社会成本是指森林经济活动对社会生产、生活、文化等方面造成的负面影响，包括就业机会减少、居民收入降低、社会治安问题等。社会成本通常需要通过社会调查等方法进行估算。

②社会效益

a. 经济效益。经济效益是指森林经济活动对社会经济利益的增加，包括直接效益和间接效益。直接效益包括生产收益、销售收益等，这些效益可以通过会计核算方法进行计算。间接效益包括就业、税收等，这些效益通常需要通过社会调查等方法进行估算。

b. 环境效益。环境效益是指森林经济活动对自然环境的保护和修复所带来的正面影响，包括生态系统恢复、水土保持等。环境效益通常需要通过环境影响评价等方法进行计算。

c. 社会效益。社会效益是指森林经济活动对社会生产、生活、文化等方面带来的正面影响，包括以下几个方面。

生态保护效益：森林经济活动对于生态环境的保护和修复，可以为社会带来可持续发展的生态效益，减少自然灾害发生的风险，维护生态系统的稳定性和完整性，提高土地的保持能力和水资源的供应能力等。

社会福利效益：森林经济活动可以为社会提供丰富的生物资源，如木材、果实、药材等，以及各种生态旅游和休闲娱乐等服务，满足人们不同的物质和精神需求，提高人们的生活质量和福利水平。

就业创业效益：森林经济活动可以创造大量的就业岗位和创业机会，为社会提供就业和收入来源，推动地方经济的发展，提高居民的收入水平和社会稳定性。

文化教育效益：森林资源具有丰富的历史、文化和民俗资源，开展森林文化和生态教育活动，可以传承和弘扬地方文化，提高公众的环境保护意识和生态素养，促进社会文明进步和精神文化建设。

公共利益效益：森林经济活动对于公共利益的维护和促进，如对于环境保护、气候变化、土地保护等方面的作用，都具有重要的意义和价值。

第三章　森林保护与生态建设

第一节　森林保护的重要性和必要性

森林是地球上最重要的生态系统之一，它们不仅可以为人类提供木材、水源和生态服务等资源，而且可以维持地球的生态平衡和气候稳定。然而，随着人类的不断扩张和工业化进程的加速，森林遭受到了越来越大的威胁，全球森林覆盖率不断下降，这对于人类和整个地球生态系统的健康都带来了巨大的风险。因此，森林保护显得至关重要。以下是森林保护的几个方面的详细阐述。

一、维护生态平衡

森林是维护生态系统中的重要组成部分之一，它们可以为动植物提供栖息地、食物、水源和氧气等资源，维持着全球生态平衡的稳定。如果森林被破坏或者减少，就会对生态系统造成巨大的影响，使得许多植物和动物失去了生存的栖息地，导致生物多样性的丧失，进而影响到生态系统的稳定。

首先，森林的作用在于维持水文循环。森林是水文循环的重要组成部分，树木的蒸腾作用能够促进水的循环，将大气中的水汽转化为水分，通过树木的根系吸收并通过树干输送到树叶上，最终蒸发到空气中。森林中的树木、草本植物和地表覆盖层能够保持土壤的稳定，降低水土流失率，减少洪水、干旱和土地沙化的发生。

其次，森林对于气候的影响也十分重要。森林是地球上最重要的碳汇之一，能够吸收大量的二氧化碳，减缓全球气候变化的速度。同时，森林的树木、草本植物和土壤中的微生物能够吸收大量的温室气体，减轻大气中温室气体的浓度，从而减缓全球气候变化的速度。

此外，森林还是许多动物和植物的栖息地和食物来源。森林中的生物多样性对于维持地球的生态平衡和物种多样性也具有重要的作用。许多动物和植物依赖森林生态系统的完整性来生存和繁衍，而人类也从森林中获得许多重要的生物资源，如木材、药材、水果等。

综上所述，森林保护对于维护生态平衡具有重要的作用。它能够维持水文循环、减缓全球气候变化的速度、保护生物多样性和维护地球的生态平衡。因此，我们必须加强森林保护，促进可持续森林管理，以确保森林生态系统的健康和稳定。

二、保障水源和水土保持

森林是水源涵养的重要场所。森林植被能够吸收降水，并通过蒸腾作用释放水汽，形成云雾和降雨。森林还能过滤水中的污染物，保障水质的安全。此外，森林可以减少土壤侵蚀和水土流失，保持土地的肥沃度和水源的稳定性。

（一）保障水源

1. 森林对水文循环的影响

森林是自然界最重要的水源地之一，具有多种水文功能。森林树木能够吸收大量水分，其中一部分被蒸发掉，形成大气中的水蒸气，成为水循环的重要组成部分；另一部分水分则被树木蓄积，并通过根系向土壤深处渗透，形成地下水源；还有一部分则流入地表水，形成河流和湖泊。森林的水文循环功能能够保障区域的水源供应，维持水生态系统的健康和稳定。

2. 森林对水质的影响

森林还对水质具有重要的影响。森林中的树木可以过滤水质，保持河流、湖泊和地下水的纯净度，减少水污染和水质恶化的风险。同时，森林的植被可以吸收化学物质和废水，减轻水污染对环境的影响。另外，森林中的植物根系能够稳固土壤，减少水土流失，避免泥石流等自然灾害的发生，进一步保障水源和水质的稳定。

3. 森林的水源保护

为了保障水源供应和水质稳定，需要采取一系列措施对森林进行保护和管理，包括：第一，建立水源涵养林和水源保护区，对水源地进行划定和保护，禁止乱砍滥伐和乱倒垃圾等行为；第二，加强水土保持工作，采取防护林、护坡、植树造林等措施，减少水土流失和泥石流等自然灾害的发生；第三，推广生态林业，实现林木和生态系统的多功能利用，提高森林的水文功能和水质净化能力；第四，加强水资源的管理和保护，制定相关的法规和政策加强水资源的管理和保护是维护生态平衡的重要措施之一。森林在水文循环中发挥着至关重要的作用，可以调节降雨的分布和流量，保障水源的稳定性和水质的优良。因此，保护森林就是保护水资源，从而保障水土资源的稳定性。

为了加强水资源的管理和保护，需要制定相关的法规和政策。政府可以通过加强对森林资源的保护和管理，加大对水资源保护的投入，完善水资源管理制度和政策体系等措施来加强水资源的管理和保护。例如，可以加强对森林水源地的保护和管理，加强水源保护区的建设和管理，加大对水土流失治理和水资源利用的投入等，从而确保水资源的稳定供应和优质保障。

此外，社会各界也应加强水资源的保护和管理。例如，可以加强对水资源的宣传和教育，增强公众对水资源的重视和保护意识，开展水资源保护志愿服务活动等，共同推动水资源保护工作的开展。

总之，加强水资源的管理和保护是维护生态平衡、保障水土资源稳定性的重要措施之一，需要政府、企业和公众共同参与，共同推动水资源保护工作的开展。

（二）水土保持

水土保持是指在保持土地的生产力和生态功能的前提下，防止水土流失、水资源浪费和水土污染等现象，保障生态系统的稳定和可持续发展。水土保持在森林保护和经济利用中具有重要的作用，其重要性体现在以下几个方面。

1. 防止水土流失

水土流失是土地退化的重要表现之一，不仅影响森林生态系统的稳定，还会给人类生产、生活和生态环境带来负面影响。森林的根系和枝叶具有良好的抗风固土能力，可以有效地防止水土流失。因此，加强森林的保护和管理，是防止水土流失的重要手段之一。

2. 保护水资源

森林是水源涵养地，对于水资源的保护和管理具有重要作用。通过植树造林、改良森林土壤、防止火灾等措施，可以有效地保障水源涵养地的水源质量和数量，保障人类生产和生活的需要。

3. 促进土壤肥力的提高

土壤是森林生态系统的重要组成部分，森林土壤的质量和肥力对森林生态系统的健康发展至关重要。通过植树造林、森林改良等措施，可以提高森林土壤的质量和肥力，促进森林生态系统的稳定和可持续发展。

4. 防止土地荒漠化

荒漠化是指原本具有植被覆盖的土地因为自然和人类活动等原因而失去植被覆盖，土地逐渐退化的过程。森林作为土地的重要植被覆盖形式，可以有效地防止土地荒漠化。因此，加强森林保护和管理，是防止土地荒漠化的重要手段之一。

5. 促进生态环境的改善

森林的保护和管理可以促进生态环境的改善，对于缓解气候变化、保护生物多样性、改善空气质量等方面具有重要作用。森林中的树木可以吸收二氧化碳，缓解气候变化的影响；森林是生物多样性的重要栖息地，保护森林生态系统能够提高生态环境的质量，对于维持地球生态平衡具有不可替代的作用。

三、维持气候稳定

森林的保护和管理对于维持气候稳定也具有非常重要的作用。

（一）森林吸收二氧化碳，缓解气候变化的影响

森林通过吸收二氧化碳来促进光合作用，将二氧化碳转化为有机物质，并释放氧气。根据数据显示，全球森林中存储的碳量占全球陆地碳储量的 30%，且每年森林吸收二氧化碳的能力约为全球排放的二氧化碳的 1/3。因此，保护和管理森林资源对于缓解气候变化、控制温室气体排放具有重要作用。

（二）森林调节地球的温度、降水、湿度等因素

森林可以通过调节地球的温度、降水、湿度等因素来维持全球气候的稳

定。森林的蒸腾作用会释放大量的水蒸气，调节空气的湿度，从而影响降水的分布和水循环的运转。同时，森林中的植物和土壤能够吸收和释放大量的热量，从而影响地球的温度分布。森林的这种自然调节功能，可以缓解全球气候的变化和极端天气事件的发生，保障人类的生存和发展。

（三）森林保护与生物多样性的维护

森林作为生态系统的重要组成部分，不仅对人类的生存和发展起着重要作用，也是大量野生动植物的栖息地。保护森林资源能够维护生态系统的平衡，保护和维持野生动植物的生境，促进生物多样性的维护和发展。同时，森林中的各种植物和动物也为人类提供了很多宝贵的资源，例如木材、果实、药材等。

（四）森林保护对人类健康的保障

森林对人类健康的保障有以下几个方面。

1. 空气质量改善

森林是地球上最大的氧气供应者，同时也是最大的二氧化碳吸收者之一。森林的生态系统能够过滤掉大量的空气污染物质，如尘埃、有害气体和颗粒物等，从而有效地改善空气质量。研究表明，森林的存在可以降低周围环境中有害物质的浓度，从而减少空气污染对人体健康的危害。

2. 心理健康

森林是人们放松心情、缓解压力的重要场所。森林中的大量绿色植被、清新空气和自然景观等都能够给人带来平静、舒适的感觉，缓解精神压力和情绪不良。森林散步、亲近自然等活动也被证明对人们的心理健康有积极的影响。

3. 食品安全

森林中生长着各种野生食品，如野生蘑菇、草莓、坚果等，这些食品不仅具有丰富的营养成分，还有助于增强人体免疫力。此外，森林中的植物资源还可以为食品工业提供原材料，为人类的食品安全做出贡献。

4. 自然灾害防治

森林是自然灾害的防护屏障。森林能够吸收降雨、减少洪水灾害的发生；森林能够固定土壤，防止山体滑坡和泥石流的发生；森林能够减少沙尘暴的发生，保护人们的身体健康。森林的存在和保护有助于降低自然灾害对人们的危害和影响，保障人们的生命财产安全。

5. 减少洪水灾害的发生

森林能够吸收和存储大量的雨水，并逐渐释放到地下水、河流和湖泊中，从而减缓洪水的形成和发展。此外，森林还能够保护土壤和减少泥沙的冲刷，减少洪水对人类生活和财产的危害。因此，保护森林是预防洪水灾害的重要手段。

6. 防止山体滑坡和泥石流的发生

森林树木的根系可以固定土壤，减少土壤的侵蚀和滑坡的发生。同时，森林的植被能够吸收和蓄积降雨水分，减缓雨水的流速，从而降低泥石流的风险。因此，保护森林能够减少山体滑坡和泥石流的发生，保护人们的生命财产安全。

7. 减少沙尘暴的发生

森林可以阻挡风沙的传播，减少沙尘暴的发生。树木的根系能够固定沙土，保持土壤的稳定性，减少风沙的危害。此外，森林的植被能够吸收和蓄积雨水，增加土壤湿度，从而减少沙漠化的风险。因此，保护森林能够减少沙尘暴的发生，改善人们的生活环境。

总之，森林保护是预防自然灾害的重要手段。保护森林能够减少洪水、山体滑坡、泥石流和沙尘暴等自然灾害的发生，保障人们的生命财产安全。同时，森林保护也能够促进生态平衡的维护，改善人们的生活环境。

四、提供生态服务

森林还提供了许多重要的生态服务，包括空气净化、疾病控制、食品和药物生产等。例如，许多药物和食品的原料来自森林中的植物，许多动物也是森林中的天然资源。

（一）水源涵养

森林是自然水源的重要保护区，保护和管理森林有助于维持和增加水源，促进水资源的可持续利用。森林的根系可以有效地保持水土，保护地表水，减少水土流失和水源污染，同时也可以通过蒸腾作用提高空气湿度，增加降水量。因此，保护和管理森林对于水源涵养具有重要意义。

（二）气候调节

森林对气候的调节作用主要体现在它的蒸腾作用和二氧化碳吸收作用上。森林中的树木可以通过蒸腾作用提高空气湿度，减少气温的升高，同时也可以吸收二氧化碳，减少大气中二氧化碳的浓度，缓解温室效应。因此，保护和管理森林对于气候调节具有重要作用。

（三）文化遗产保护

森林中保存着丰富的文化遗产，包括传统的林木神话、森林文化、乡土文化等。保护和管理森林有助于维护和传承这些文化遗产。下面详细介绍森林保护与文化遗产保护的关系和重要性。

1. 森林保护与文化遗产保护的关系

森林保护与文化遗产保护有着密不可分的关系。森林作为人类生存的重要资源，不仅提供着各种物质资源和生态服务，还包含着各种文化遗产和历史遗迹。森林中的文化遗产不仅是人类历史文化的重要组成部分，也是人类认识和了解自然、历史和文化的重要途径。

森林中的文化遗产主要包括以下方面：第一，传统的林木神话、森林文化等；第二，历史遗迹，如墓葬、古建筑等；第三，传统的经济文化，如林下经济、采集业等；第四，生态文化，如传统的森林医药等。

这些文化遗产不仅具有历史、文化和科学价值，还对森林生态系统的保护和管理具有重要意义。因此，保护和传承森林中的文化遗产，可以促进森林生态系统的保护和管理，同时也能够增强人们对森林的文化认同和文化自信心。

2. 森林保护与文化遗产保护的重要性

（1）维护生态平衡

森林保护和管理可以维护生态平衡，保持生态系统的稳定性和完整性。而文化遗产保护则可以提高人们对森林生态系统的认识和理解，增强人们对森林保护和管理的意识，从而更好地维护森林生态平衡。

（2）保护文化遗产

森林保护和管理可以保护森林中的文化遗产，防止其被破坏和失落。同时，文化遗产保护也能够促进森林生态系统的保护和管理，形成文化遗产保护与生态保护的良性互动。

（3）促进文化传承

森林中的文化遗产代表着人类历史和文化的重要组成部分，保护和传承这些文化遗产有助于加深人们对文化传统的认识和理解，激发人们对文化传承的兴趣和热情。森林管理者可以通过开展文化活动、组织文化考察等方式，促进文化遗产的传承和发展。

首先，开展文化活动。森林管理者可以在森林中举办各种文化活动，例如文化节、森林文化展览、文化讲座、传统文化体验等，吸引更多的人参与其中，了解和体验森林中的文化遗产。同时，通过这些活动，也可以加强社会对文化保护和传承的认识和关注，推动文化传承事业的发展。

其次，组织文化考察。森林管理者可以组织文化考察团队，深入森林中了解文化遗产的历史和背景，对文化遗产进行保护和研究。通过文化考察，可以让更多的人了解和认识森林中的文化遗产，增强人们对文化传承的意识和责任感。

此外，森林管理者还可以加强与文化机构、专家学者等的合作，共同推动文化遗产的保护和传承。例如，与博物馆、文化机构合作举办文化展览，邀请专家学者进行文化研究等，共同探索森林中的文化遗产，推动文化传承事业的发展。

总之，森林中的文化遗产是人类文化宝库的重要组成部分，保护和传承这些文化遗产对于维护人类文化的多样性和传承历史文化的延续具有重要意义。森林管理者应该加强文化保护和传承的工作，推动文化传承事业的发展，让更多的人了解和认识森林中的文化遗产，提高人们的文化素养和认同感。

第二节　森林生态系统的特点和功能

一、森林生态系统的特点

森林生态系统是一个复杂的生态系统，由许多不同的生物和非生物要素组成，包括植物、动物、微生物、土壤、水和气候等。森林生态系统有许多特点，这些特点决定了其独特的功能和价值，对于人类的生存和发展具有重要的意义。以下是关于森林生态系统特点的详细介绍。

（一）森林生态系统具有复杂性

森林生态系统是一个复杂的系统，由许多不同的生物和非生物要素组成，这些要素之间相互作用，形成一个相互关联的生态网络。森林生态系统中的植物、动物、微生物、土壤、水和气候等要素之间的相互作用和影响是非常复杂的，这种复杂性是森林生态系统的一个重要特点。森林生态系统具有复杂性，表现在以下几个方面。

1. 多层次性

森林生态系统是由多种生物和非生物因素组成的复杂系统，其内部存在多层次的生物组成和生态过程。不同的植物、动物和微生物在不同的生境条件下形成了不同的生态层次，从而构成了森林生态系统的多层次性。

2. 多功能性

森林生态系统具有多种生态功能，例如水源涵养、土壤保持、碳循环等。森林生态系统不仅为人类提供木材、药材、食品等资源，还为社会提供了生态服务，如气候调节、水源保护等。

3. 非线性

森林生态系统中的各种生态过程和生态关系是相互交织的，彼此影响，这导致了森林生态系统的非线性特点。当环境条件发生变化时，森林生态系统的响应不是线性的，而是呈现出非线性的动态变化。

4. 不确定性

森林生态系统的复杂性和非线性特点导致了生态系统的不确定性。由于生态系统中存在多种复杂的生态过程和生态关系，其发展和变化是不可预测的。因此，森林生态系统的管理和保护需要考虑到不确定性因素。

5. 可塑性

森林生态系统具有一定的可塑性，即对环境变化具有适应性和调节能力。森林生态系统中的生态过程和生态关系可以随着环境的变化而调整和改变，从而实现生态系统的稳定性和可持续性。

综上所述，森林生态系统的复杂性是由其多层次性、多功能性、非线性、不确定性和可塑性等特点构成的。这些特点对森林生态系统的管理和保护提出了更高的要求，需要综合运用生态学、地理学、气象学、土壤学等多学科知识，加强森林资源的科学研究和管理，实现森林资源的可持续利用和保护。

（二）森林生态系统具有稳定性

森林生态系统具有一定的稳定性，它们能够维持一定的生态平衡，并能够适应一定程度的外部变化和干扰。森林生态系统具有多样性和自我调节机制，能够保持自身的稳定性，即使受到一定的干扰也能够恢复到原来的状态。但是，一旦受到过度的破坏和干扰，森林生态系统的稳定性也会受到威胁，可能会导致生态灾害的发生。森林生态系统的稳定性具有以下特点。

1. 多样性保障稳定性

森林生态系统由不同层次、不同种类的生物体组成，因此具有较高的物种多样性和生态多样性。多样性保障了森林生态系统的适应性和稳定性。

2. 水分平衡维持稳定性

森林生态系统通过蒸腾作用和植物根系吸收水分，保持水分平衡，维持了土壤水分和地下水资源的稳定性。

3. 土壤保持维持稳定性

森林生态系统的植物根系和凋落物能够固定土壤，减少水土流失和沙漠化的发生，维持土壤结构和质量的稳定性。

4. 能量流动保持稳定性

森林生态系统中，太阳能被植物通过光合作用转化为生物质，再被生物体消耗释放出能量。这种能量流动保持了森林生态系统的稳定性。

5. 自我调节维持稳定性

森林生态系统具有自我调节的能力，能够在环境变化的压力下通过负反馈机制进行自我调节，维持系统的稳定状态。

森林生态系统的稳定性是维持其生态功能和服务的重要基础。在森林保护和经营中，需要通过加强保护和管理，维持森林生态系统的稳定性，以实现可持续利用和发展。

（三）森林生态系统具有多样性

森林生态系统中有许多不同的生物和非生物要素，它们之间相互作用形成一个复杂的生态网络。这些要素的不同种类和数量使得森林生态系统具有多样性。森林生态系统中的多样性不仅包括生物多样性，也包括非生物要素的多样性，如土壤类型、气候、地形等。这种多样性使得森林生态系统具有更高的生态稳定性和生态适应能力。

1. 物种多样性

物种多样性是指森林中各种植物、动物和微生物的种类和数量。森林是地球上物种最为丰富的生态系统之一，其中包含了大量的植物、昆虫、鸟类、哺乳动物等生物种类，具有极高的物种多样性。例如，中国南方的热带雨林中，有着丰富的物种组成，包括了大量的植物、鸟类、昆虫等，具有极高的物种多样性。

物种多样性的重要性体现在以下几个方面。

（1）维护生态平衡

不同物种之间相互作用，形成复杂的生态系统，维护了生态平衡。例如，一些植物对土壤有益，可以改善土壤环境，使得其他植物生长更加繁茂，这就是不同物种之间的互惠共生关系。

（2）保障生态安全

物种多样性可以提高生态系统的抗干扰素力，使生态系统对环境变化的适应性更强，从而更好地保障生态安全。

（3）促进经济发展

物种多样性可以为人们提供多样化的资源，例如药用植物、林木、水果等，这些资源有助于推动经济发展。

2. 基因多样性

基因多样性是指森林生态系统中不同个体之间的基因差异程度。基因多样性是物种多样性的重要组成部分，具有以下几个方面的重要性。

（1）保护基因库

基因多样性可以为生物提供更多的适应性和生存能力，保护基因库，防止物种灭绝。

（2）提高生态系统的稳定性

基因多样性可以增加生态系统对环境变化的适应性和稳定性，从而更好地保障生态系统的稳定。

（3）促进经济发展

基因多样性可以为农业、林业等领域提供重要的基因资源，促进经济发展。

3. 生境多样性

生境多样性是指森林生态系统中不同生物所适应的环境条件和资源的种类和数量的多样性。森林生态系统中有着丰富的生境类型，如林内、林缘、林下、林间、河岸带、山地、湿地等不同生境类型，这些生境类型为不同种类的生物提供了不同的生存条件和资源利用机会。生境多样性的重要性在于它可以维持物种的多样性和生态系统的稳定性。

（1）生境多样性与物种多样性的关系

生境多样性和物种多样性是相互依存的关系。生境多样性能够提供不同的生存条件和资源利用机会，为不同种类的生物提供合适的栖息地和食物来源。这样，不同的生物种类就可以在不同的生境类型中找到适合自己的生存条件，从而形成不同的物种。因此，生境多样性的保护和维护是维持物种多样性的关键。

（2）生境多样性与生态系统的稳定性的关系

生境多样性能够提供不同的生存条件和资源利用机会，从而使得生物在生态系统中形成复杂的关系网。这些关系网包括食物链、生态位和生态系统的物质循环等。这些关系网能够使得生态系统中的物种之间形成相互依存的关系，从而维持生态系统的稳定性。如果生境多样性受到破坏，某些物种就可能失去栖息地和食物来源，从而影响到整个生态系统的稳定性。

（3）生境多样性的保护措施

为了保护和维护生境多样性，需要采取一些措施。

①加强森林生态系统的保护和管理，保持不同生境类型的完整性和稳定性。

②实施生态恢复和生态重建项目，尤其是针对已经受到破坏的生境类型。

③加强对野生动物的保护和管理，确保它们有适合的栖息地和食物来源。

④推广可持续利用的经济活动方式，减少对生境的破坏。

（四）森林生态系统具有循环性

森林生态系统具有循环性，也称为生态物质循环性，指的是森林生态系统中物质和能量的流动和循环。这种循环性是森林生态系统中各种生物、非生物元素相互作用的结果，是森林生态系统健康稳定运转的基础。

森林生态系统中的循环性主要表现在以下几个方面。

1. 营养元素的循环

森林生态系统中的营养元素主要来源于土壤和大气中的氮、磷等元素。植物通过光合作用吸收大气中的二氧化碳，利用光能和水合成有机物，同时从土壤中吸收营养元素。在森林生态系统中，营养元素在植物和动物的代谢作用中不断循环，通过植物、动物、微生物等的生长、分解、腐烂等过程，不断释放和重新吸收。

2. 能量的循环

森林生态系统中的能量来源主要是来自太阳辐射，经过植物的光合作用转化为化学能。植物通过化学能将阳光能量转化为有机物，并向下一级生物提供能量。在森林生态系统中，能量在生物体内不断转化，形成食物链和食物网，通过植物、动物、微生物等的代谢作用进行不断循环。

3. 水的循环

森林生态系统中的水循环是指地表水和大气水的相互转化过程，包括蒸发、降水、地下水、地表水等环节。植物通过根系吸收地下水，将水分通过光合作用转化为有机物质，并释放出水分蒸散到大气中，形成水循环的一部分。

4. 气体的循环

森林生态系统中气体的循环主要包括氧气、二氧化碳和水蒸气等，这些气体在生态系统中通过植物和动物的代谢作用不断地释放和吸收，形成气体循环的过程。植物通过光合作用释放氧气，吸收二氧化碳，而动物通过呼吸作用释放二氧化碳，吸收氧气，这种气体的循环过程对于维持生态系统的稳定性至关重要。

二、森林生态系统的功能

森林生态系统作为地球生态系统的一个重要组成部分，具有许多功能和价值，以下是其中几个主要的功能。

（一）碳汇功能

森林生态系统是地球上最重要的碳汇之一，通过光合作用将二氧化碳转化为有机物，同时吸收大量的二氧化碳。森林在保持碳平衡的同时，还能通过释放氧气维持大气中氧气含量，为人类提供呼吸空气。

1. 碳汇的概念

碳汇是指能够吸收和固定二氧化碳的生态系统，如森林、草地、湿地等。这些生态系统通过光合作用将大气中的二氧化碳转化为有机碳，同时通过碳循环将这些有机碳储存在生物体和土壤中，从而减少大气中的二氧化碳含量，缓解全球气候变化的影响。

2. 森林生态系统的碳汇功能

（1）碳储存功能

森林生态系统是地球上最大的碳储存库之一，能够吸收和固定大量的二氧化碳。在森林生态系统中，植物通过光合作用吸收二氧化碳并将其转化为有机物质，其中大部分碳质物质被储存在植物体内。另外，一部分有机物质通过植物的根系流向土壤层，从而被储存在土壤中。森林生态系统的碳储存功能对于全球气候稳定具有重要作用。

（2）碳吸收功能

森林生态系统通过植物的光合作用吸收和固定二氧化碳，并将其转化为有机物质，从而减少大气中的二氧化碳含量。森林生态系统的碳吸收功能对于缓解全球气候变化具有重要作用。

（3）碳循环功能

森林生态系统通过碳循环将大气中的二氧化碳转化为有机物质，并将有机物质储存在植物体和土壤中。在森林生态系统中，有机物质会经过分解、矿化等过程释放出二氧化碳，同时也会通过土壤有机碳的累积和转化等过程将一部分碳质物质长期储存在土壤中。森林生态系统的碳循环功能对于保持生态系统的稳定和可持续发展具有重要作用。

3. 森林管理对碳汇功能的影响

森林管理是影响森林生态系统碳汇功能的重要因素之一。正确的森林管理可以增强森林生态系统的碳汇功能，促进碳循环和固定，减缓气候变化的影响。以下是森林管理对碳汇功能的影响的详细解释。

（1）森林经营方式的影响

森林经营方式是影响森林生态系统碳汇功能的重要因素之一。合理的经营方式可以增强森林生态系统的碳汇功能。例如，采取适当的林业措施可以增加森林生长速度，增加生物量，增强森林碳汇功能；同时，在采伐过程中可以采取科学的造林和更新措施，维持森林生态系统的稳定性和完整性，保证森林生态系统长期的碳汇功能。

（2）森林植被的影响

森林植被是森林生态系统的重要组成部分，对碳汇功能具有重要的影响。不同类型的植被对碳汇功能的影响是不同的。例如，常绿阔叶林、针叶林和落叶阔叶林等不同类型的森林，其碳汇功能也不同。其中，常绿阔叶林的碳汇功能最强，因为其具有较高的生物量和年生长量，同时不易受到自然灾害的影响。

（3）土壤的影响

森林土壤是森林生态系统的重要组成部分，对碳汇功能也具有重要影响。适当的土地利用和管理可以提高森林土壤的碳汇功能。例如，森林土壤的有机质含量和钾、磷、氮等元素的含量对森林生长和生态系统的稳定性有着重要的影响。同时，科学合理地施肥、保水、保墒等管理措施，也可以提高森林土壤的碳汇功能。

（4）森林火灾的影响

森林火灾是森林生态系统面临的重要威胁之一，对碳汇功能有着重要的影响。森林火灾会破坏森林生态系统的稳定性和完整性，同时也会造成大量的生物量和有机质的损失，导致碳汇能力的降低。因此，预防和控制森林火灾是保护森林生态系统的碳汇功能的重要措施之一。

森林火灾会对森林生态系统的碳汇功能造成以下影响：

破坏植物的生长和再生能力。森林火灾烧毁了森林生态系统中的植被，特别是大型乔木和灌木，导致生物多样性的降低和土壤质量的恶化，进而影响植物的生长和再生能力。另外，森林火灾还会烧毁植物的根系和种子，使得森林恢复的速度减慢，甚至无法恢复原有的植被覆盖度。

释放大量的碳。森林火灾会烧毁大量的生物质，其中包括植物的干枝、叶子、树皮和树干等，释放大量的二氧化碳和其他温室气体到大气中。根据国际气候变化专门委员会（IPCC）的统计，森林火灾所释放的碳占全球二氧化碳排放的10%以上，因此森林火灾是影响全球气候变化的重要因素之一。

破坏土壤质量和生物多样性。森林火灾烧毁了植被和树木，导致土壤质量的恶化和侵蚀的加剧，使得森林生态系统中的土壤生物群落受到严重影响，进而影响生态系统的生物多样性。另外，森林火灾还会破坏土壤中的有机质，导致土壤养分流失和土壤质量的降低，影响森林的生态系统服务功能。

因此，预防和控制森林火灾，加强森林火灾应急管理，建立完善的森林火灾监测和预警机制，是保护森林生态系统的碳汇功能的重要措施之一。

（二）气候调节功能

森林具有调节气候的作用，能够影响大气中的温度、湿度、气压等因素。森林能够吸收大气中的热量，降低地面温度，同时通过植被的蒸腾作用提高空气湿度，减少干旱的发生。森林生态系统通过吸收和释放大气中的水分和二氧化碳等气体，对气候具有重要的调节作用。以下是森林生态系统气候调节功能的详细点。

1. 吸收二氧化碳

森林生态系统通过光合作用吸收大气中的二氧化碳，并将其固定在树木和土壤中，从而降低大气中二氧化碳的浓度。由于二氧化碳是温室气体之一，能够吸收地球表面的辐射，因此森林生态系统的这一功能对于缓解气候变化具有重要意义。

2. 释放氧气

森林生态系统通过光合作用释放出大量的氧气，有利于维持大气中氧气的含量，调节气候。

3. 调节水循环

森林生态系统通过树木的蒸腾和土壤的蓄水作用，吸收和储存雨水，并将其释放到大气中，形成水循环，从而调节降雨量和维持水资源平衡。同时，森林可以减缓降雨的冲击力，增加水源涵养，维持土壤水分的稳定性，防止土地沙漠化和水土流失，减少洪涝灾害。

4. 调节气温

森林生态系统通过树木吸收大气中的太阳辐射，并通过蒸散作用将水分散发到空气中，从而降低地表温度。森林中的阴凉处能够提供避暑胜地，减轻城市热岛效应。

5. 净化空气

森林生态系统通过吸收大气中的污染物和微粒，同时释放出氧气和挥发性有机物质，可以对空气进行净化和调节。

6. 维护生物多样性

森林生态系统具有丰富的生物多样性。生物多样性不仅是地球上生态系统的重要组成部分，也对人类的生存和发展至关重要。森林中的植物和动物种类繁多，能够调节气候和维护生态平衡。

总之，森林生态系统的气候调节功能对于维持全球气候稳定具有重要的意义，因此必须保护和管理好森林资源，以维护其气候调节功能的稳定性。

（三）环境净化功能

森林生态系统能够吸收和降解空气中的有害物质和颗粒，减少空气污染和雾霾的发生。同时，森林中的植物能够吸收和储存土壤中的营养物质和有害物质，起到净化土壤的作用。

1. 大气环境净化

森林通过吸收二氧化碳、挥发性有机物、氮氧化物等有害气体，减少大气中的污染物含量。森林植物中的叶绿素可以吸收二氧化碳，将其转化为氧气，并通过光合作用将阳光转化为生物质。同时，森林中的树木和植被可以吸收挥发性有机物和氮氧化物等有害气体，将其转化为无害物质，减少空气中的污染物浓度。研究表明，森林每年可以吸收近 30% 的人类活动所产生的二氧化碳排放量。

2. 水体环境净化

森林可以过滤地下水和河流中的污染物，例如沙子、泥土、细菌和化学物质等。同时，森林的植被和土壤可以吸收和分解这些污染物，使水质更加纯净。

3. 土壤环境净化

森林通过吸收和转化有害物质，减少土壤中的污染物含量，保护土壤生态系统的健康。森林中的植被和土壤具有良好的吸附、转化和分解污染物质的能力，可以有效减少土壤中的有害物质含量，提高土壤质量和肥力。此外，森林中的树木和植被还可以通过抑制土壤侵蚀和水土流失，保护土壤的完整性和肥力。

4. 其他环境净化功能

森林生态系统还具有其他重要的环境净化功能。例如，森林中的微生物和植物可以分解和降解有机废弃物，减少土壤和水体中的有机物质含量，提高生态系统的健康程度；森林还可以吸收空气中的氮氧化物、硫氧化物等有害气体，减少大气污染，提高空气质量；森林还能够过滤和吸附土壤中的重金属和化学物质，防止它们进入水体和食物链中，保障人类的健康。此外，森林生态系统还能够降低噪声污染、净化地下水、减少环境辐射等。

森林生态系统的环境净化功能主要通过以下几个方面实现。

（1）森林的植物和土壤微生物可以分解和降解有机废弃物，促进生物降解和循环利用，减少有机物质的积累和分解所释放的有害气体，从而提高生态系统的健康程度。

（2）森林中的植物通过蒸腾作用吸收二氧化碳，同时释放氧气，从而减少大气中的碳浓度，促进空气质量的提高。

（3）森林的植物和土壤可以吸附和分解空气中的有害气体，例如二氧化硫、氮氧化物等，减少大气污染的发生，保障人类健康。

（4）森林的植物和土壤可以吸附土壤中的有害物质，例如重金属、化学物质等，减少它们进入水体和食物链中的可能性，保护人类健康。

（5）森林生态系统可以减少噪声污染，通过树木的吸声和自然声音的掩蔽，降低周围环境的噪音水平。

（6）森林生态系统可以过滤和吸附地下水中的有害物质，例如农药、化肥等，净化地下水资源，保障人类健康。

（7）森林生态系统可以减少环境辐射的影响，例如吸收紫外线和X射线等辐射，减少对人类健康的影响。

因此，保护和管理森林生态系统对于环境净化功能的维护和提高具有重要作用。需要从多个方面加强森林生态系统的保护，包括加强森林的监测和管理，加强环境保护意识的普及和加强国际合作等。只有全面、科学、有效地保护和管理森林生态系统，才能更好地发挥其环境净化功能，保障人类健康和持续发展。

（四）休闲和旅游功能

森林景观的美丽和自然景观的吸引力，使其成为人们休闲和旅游的热门地点。森林旅游和休闲产业的发展，也为当地经济和社会发展提供了重要的支持。

1. 森林生态系统的休闲和旅游功能特点

森林生态系统的休闲和旅游功能主要具有以下几个特点。

（1）自然性和环境友好性

森林生态系统作为自然资源，其休闲和旅游活动具有自然性和环境友好性。游客可以在自然环境中享受户外活动的乐趣，同时也可以了解自然环境和生态系统的重要性，增强环保意识。

（2）多样性和灵活性

森林生态系统的休闲和旅游功能具有多样性和灵活性，不同的人可以根据自己的兴趣和需求选择不同的活动方式，例如露营、徒步旅行、野餐、观鸟、山地自行车等。

（3）文化性和历史性

森林生态系统还具有文化和历史意义，其中一些森林具有传统文化和历史遗迹。游客可以通过参观这些遗迹和文化景观，了解当地的历史文化和传统。

2. 森林生态系统的休闲和旅游功能分类

森林生态系统的休闲和旅游功能可以分为自然生态型、运动健身型、文化旅游型、科普教育型、社区活动型等几个类型。

（1）自然生态型

这种类型的休闲和旅游活动以欣赏自然风光和野生动物为主要内容，包括森林探险、自然散步、野生动物观察等活动。这种活动可以让人们更好地了解自然界的美妙和多样性，提高人们的环保意识和生态意识。

（2）运动健身型

这种类型的休闲和旅游活动以体育运动和健身为主要内容，包括森林徒步、山地骑行、攀岩、滑雪等活动。这种活动可以让人们在欣赏自然风光的同时，锻炼身体，增强体质，促进健康。

（3）文化旅游型

这种类型的休闲和旅游活动以传统文化和历史遗迹为主要内容，包括参观博物馆、古迹、寺庙等活动。这些活动通常需要一定的文化知识和历史知识，可以让人们了解当地的文化和历史背景，增进文化交流和理解。

（4）科普教育型

这种类型的休闲和旅游活动以科学知识和环保知识为主要内容，包括参观科普馆、生态展览、环保讲座等活动。这些活动可以让人们了解环保知识和科学知识，增强环保意识和科学素养。

（5）社区活动型

这种类型的休闲和旅游活动以社区活动为主要内容，包括社区野外拓展、自然教育、义工服务等活动。这些活动可以让人们参与社区活动，增强社区凝聚力和责任感，促进社区和谐发展。

以上五种类型并不是互相独立的，有些休闲和旅游活动可以同时具备多种类型的特点，例如自然生态型和运动健身型的活动可以相互结合。在实际的休闲和旅游活动中，需要根据实际情况和人们的需求来选择合适的类型。

第三节　森林生态建设的方法和实践

一、森林生态建设的方法

森林生态建设是指在森林保护和管理的基础上，通过生态恢复和重建等手段，使森林生态系统达到良好的稳定状态和功能完整性，实现森林资源的可持续利用和生态保护的双重目标。以下是几种常用的森林生态建设方法。

（一）生态恢复与重建

森林生态系统的恢复和重建是森林生态建设的重要手段之一。通过种植优良树种、疏伐、修复森林生境、增加植被覆盖等方法，促进森林生态系统的恢复和重建，提高其生态功能和稳定性。生态恢复与重建需要结合森林生态系统的特点和目标，制定合理的规划和方案，同时也需要考虑生态经济和社会效益的平衡。下面是生态恢复与重建的具体措施和方法。

1. 恢复生物多样性

生态恢复与重建的关键之一是恢复生物多样性。恢复森林生态系统的生物多样性可以通过以下措施实现：第一，保护和恢复森林中的原生物种和生境，增加保护面积和恢复面积；第二，通过人工引种、移植和繁育等措施，增加濒危物种和珍稀植物的数量和分布范围；第三，控制入侵物种和野生动物，保护和恢复森林生态系统的原生态环境。

2. 恢复森林土壤

森林土壤是森林生态系统的重要组成部分，对森林生态系统的稳定性和功能有重要影响。可以通过调整土地利用结构、改变土地利用方式，逐步恢复土地的生态功能和土地资源，促进生态系统的平衡和稳定。恢复森林土壤可以通过以下措施实现：第一，应用有机肥料和矿物肥料，增加土壤有机质和养分含量；第二，应用生物肥料和微生物制剂，增加土壤微生物和生物多样性，促进土壤生态系统的恢复和重建；第三，控制森林土壤的侵蚀和退化，维护土壤结构和质量。

3. 促进森林植被的恢复和重建

森林植被是森林生态系统的重要组成部分，对森林生态系统的稳定性和功能有重要影响。促进森林植被的恢复和重建可以通过以下措施实现：第一，通过植树造林、补植和更新等措施，增加森林植被的面积和密度；第二，采取防止火灾和病虫害的措施，保护和维护森林植被的生长和发展；第三，控制人类活动和自然灾害对森林植被的破坏，如限制采伐、禁止滥砍滥伐等，保护植被的生态功能；第四，采用生态工程措施，如建立植被覆盖物、种植草皮、加强水土保持等，促进森林植被的恢复和重建；第五，采用土壤改良措施，如施肥、翻耕、石灰化等，改善土壤质量，为森林植被的生长提供营养和条件；第六，加强监测和评估，及时掌握森林植被的生长情况和变化，调整和完善森林植被的恢复和重建计划。

通过以上措施，可以促进森林植被的恢复和重建，提高森林生态系统的稳定性和功能，为人类社会提供重要的生态服务。

（二）森林抚育与管理

森林抚育与管理是指通过科学的方法和手段，保护和促进森林的健康发展，可以提高森林生态系统的质量和功能，同时也有助于提高森林资源的产出和效益。森林抚育与管理包括植树造林、树木修剪、防治病虫害、森林防火、森林保护等方面的工作，需要科学规划和有计划地实施。

1. 森林抚育与管理的概念

通过对森林生态系统的调整和管理，促进森林健康生长和发展，保证森林资源的可持续利用和生态安全。森林抚育的目的是维护森林的生态功能和生产功能，促进森林的增长和发展。森林抚育包括森林更新、造林、育林、疏林、抚育和修枝等一系列技术和管理措施。

森林管理是指对森林资源进行有效的管理和利用，以实现森林经济、社会和生态效益的协调发展。森林管理是一项综合性的工作，包括制订森林经营计划、开展森林监测和评估、实施森林保护和治理、推进森林经济发展等一系列措施。

2. 森林抚育与管理的内容

森林抚育与管理的内容涉及森林经营的各个方面，包括森林资源的保护、利用和管理。

（1）森林保护

森林保护是森林抚育与管理的重要内容之一。主要包括防火、防虫、防病等措施，保护森林生态系统和生态环境，维护森林资源的可持续利用和管理。

（2）森林更新和造林

森林更新和造林是森林抚育与管理的核心内容之一。通过更新和造林，可以增加森林植被的面积和密度，促进森林的生长发育，提高森林的生态功能和经济效益。

（3）森林育林和抚育

森林育林和抚育是森林抚育与管理的重要内容之一。通过育林和抚育，可以调节森林的结构和组成，优化森林的生态功能和经济效益，实现森林的可持续利用和管理。

（4）森林疏林和修枝

森林疏林和修枝是森林抚育和管理的重要措施之一。通过对森林的疏林和修枝，可以调整森林林分结构和树木形态，促进森林植被的生长和发展，提高森林的生产力和经济效益。

①疏林。疏林是指在森林中适当地减少林木的数量，调整森林的林分结构和树木密度，促进森林植被的生长和发展。疏林的时机应根据森林生长的情况和森林经营的目标来确定。一般情况下，可以在林木的生长旺季进行疏林，即在林木茂盛生长的夏季进行。

具体措施包括：第一，去除营养不良、生长缓慢、枝叶稀疏的树木，保留生长良好的树木；第二，去除重叠生长的树木，调整森林的林分结构；第三，去除树冠密集的树木，增加森林的光照强度；第四，去除病虫害、受损和死亡的树木，减少疫病的传播。

②修枝。修枝是指在森林中适当地修剪树木的枝条，调整树木的形态和结构，促进树木的生长和发展。修枝的时机应根据不同树种和生长阶段来确定。

具体措施包括：第一，修剪底部枝条，促进树干生长；第二，去除枝叶稀疏的部分，增加树木的叶面积，提高光合作用效率；第三，去除竞争性枝条，调整树木的形态和结构；第四，去除病虫害和受损的枝条，减少疫病的传播。

总的来说，疏林和修枝是森林抚育和管理中重要的措施，能够调整森林的林分结构和树木形态，促进森林植被的生长和发展，提高森林的生产力和经济效益。

（三）生态旅游与休闲

生态旅游和休闲是森林生态建设的重要组成部分，通过开发生态旅游和休闲资源，促进森林生态系统的保护和管理，同时也为经济发展提供了新的动力。生态旅游和休闲需要结合森林生态系统的特点和规划，合理开发和利用森林资源，同时也需要注意保护和管理生态环境，确保生态旅游和休闲的可持续发展。

1. 制定生态旅游和休闲管理规划

针对森林生态系统的实际情况和旅游和休闲需求，制定生态旅游和休闲管理规划，包括景区的规划和设计、游客服务和安全管理等方面，以确保生态旅游和休闲活动的可持续发展。

2. 建立生态旅游和休闲管理机构

建立专门的生态旅游和休闲管理机构，负责生态旅游和休闲活动的规划、管理和监测，加强生态旅游和休闲活动的管理和保护。

3. 加强景区的保护和管理

加强景区的保护和管理，采取合理的游客容量控制、生态保护和修复、景区设施建设和管理等措施，维护景区的环境和生态系统的稳定性。

4. 提供优质的旅游和休闲服务

提供优质的旅游和休闲服务，包括景区导游、交通、住宿、餐饮和娱乐等方面，提高游客体验和满意度，促进生态旅游和休闲活动的可持续发展。

5. 加强生态旅游和休闲活动的监测和评估

加强生态旅游和休闲活动的监测和评估，对生态旅游和休闲活动的影响和效益进行评估和监测，及时发现问题和弊端，及时进行调整和改进。

6. 推广生态旅游和休闲活动的知识和技能

推广生态旅游和休闲活动的知识和技能，包括旅游和休闲的礼仪、安全和环保知识等方面，提高游客的素质和意识，促进生态旅游和休闲活动的可持续发展。

（四）环保教育与科普宣传

环保教育与科普宣传是指通过各种途径和手段向公众普及环境保护知识，提高公众对环境保护的意识和责任感，推动全社会形成环保的良好氛围。随着人们环保意识的提高和环境问题的日益严峻，环保教育与科普宣传越来越受到重视。

1. 环保教育内容

（1）环境保护法律法规知识

环境保护法律法规是保护环境的重要法律依据，公众应该熟悉和遵守相关法律法规，了解自己应尽的环保义务和责任。因此，环保教育中应包括环境保护法律法规的知识普及，例如《中华人民共和国环境保护法》《中华人民共和国大气污染防治法》等。

（2）环境问题知识

环境问题知识包括各种环境问题的发生原因、危害和防治措施等。通过了解环境问题知识，公众可以更好地认识环境问题的严重性，增强环保意识和责任感，从而更积极地参与环保行动。环境问题知识包括气候变化、水污染、土地退化、生态破坏、垃圾处理等。

（3）生态保护知识

生态保护知识是指通过保护生态系统的完整性、稳定性和多样性等方式维护自然环境的健康和可持续发展。生态保护知识包括森林保护、湿地保护、水土保持等方面的知识，通过学习这些知识，可以更好地保护生态系统，维护生态环境的稳定性。

（4）可持续发展知识

可持续发展是一种既关注人类经济发展又关注环境保护和社会公正的发展模式。在这种发展模式下，人们努力平衡经济发展、社会进步和环境保护之间的关系，实现可持续发展。可持续发展知识是指人们在实现可持续发展的过程中所需要的知识体系，包括资源利用、能源节约、循环经济等方面的知识。通过学习这些知识，可以更好地推动可持续发展。

资源利用知识。资源利用知识是指在可持续发展的背景下，合理利用自然资源的知识。这包括如何平衡经济发展和资源利用之间的关系，如何保护自然资源，如何避免过度开发和滥用资源等。资源利用知识的学习可以帮助人们更好地了解资源的重要性和有限性，明确资源的价值和保护资源的必要性，推动合理利用自然资源和实现可持续发展。

能源节约知识。能源节约知识是指在可持续发展的背景下，节约能源的知识。这包括如何利用新能源、如何降低能源消耗、如何开展能源管理和评估等。能源节约知识的学习可以帮助人们更好地了解能源的重要性和有限性，明确能源的价值和节约能源的必要性，推动节能减排和实现可持续发展。

循环经济知识。循环经济知识是指在可持续发展的背景下，实现资源的循环利用的知识。这包括如何通过垃圾分类、废品回收、再利用等方式，将废弃物转化为资源，推动资源的再生利用和减少垃圾产生等。循环经济知识的学习可以帮助人们更好地了解循环经济的原理和方法，提高资源利用效率，推动资源的循环利用和实现可持续发展。

2. 科普宣传

科普宣传是指利用各种形式和渠道，向公众传递科学知识和技术信息，提高公众对科学的认识和理解，促进科技进步和社会发展。在环保领域，科普宣传可以帮助公众了解环保知识和技术，认识环保的重要性，提高环保意识和参与度，从而推动环保工作的开展。

下面介绍一些常见的环保科普宣传形式和渠道。

（1）宣传广告

通过电视、广播、报纸、杂志、网络等媒体发布环保广告，向公众传递环保信息和理念，引导公众行动起来，推动环保事业的发展。

（2）环保讲座和培训

通过组织环保讲座和培训活动，邀请专家学者和业内人士，向公众介绍环保相关知识和技术，提高公众的环保意识和素质，促进环保工作的开展。

（3）社区活动

通过社区活动，组织居民参与环保工作，开展环保宣传和教育，建立居民环保意识，促进居民参与环保工作。

（4）主题展览

通过组织环保主题展览，向公众介绍环保相关知识和技术，展示环保成果和经验，提高公众的环保意识和参与度。

（5）环保志愿者活动

通过组织环保志愿者活动，动员公众积极参与环保工作，推广环保理念和技术，为环保事业做出贡献。

（6）网络媒体

通过网络媒体，发布环保信息和理念，建立环保互动平台，推动环保知识的传播和交流。

总之，科普宣传是环保工作不可或缺的一部分，通过多种形式和渠道向公众传递环保知识和技术，提高公众的环保意识和参与度，为可持续发展做出贡献。

二、森林生态建设的实践

森林生态建设是保护森林生态系统，促进生态环境可持续发展的重要手段。在实践中，森林生态建设可以通过以下措施实现。

（一）植树造林

植树造林是森林生态建设的核心措施之一，它可以增加森林覆盖率，改善环境，促进水土保持，提高生态系统的稳定性和抗灾能力。植树造林的实践可以采用不同的模式，包括集中连片、分散点缀、退耕还林、林果相兼等多种形式，根据不同的地域、生态环境和需求，制定合理的植树造林方案，实现生态系统的恢复和重建。

（二）森林防火

森林火灾是森林生态系统面临的重要威胁之一，对于生态系统的稳定性和功能有着重要的影响。因此，开展森林防火工作是保护森林生态系统、维护生态安全的重要措施。森林防火的实践包括提高公众的森林防火意识，加强森林监测和预警，增加人员力量和防火设施的投入，提高应急处置能力等方面的工作。

（三）生态修复和恢复

森林生态系统面临着人类活动、自然灾害等多种压力和威胁，导致生态系统功能退化和生态环境破坏。因此，开展生态修复和恢复工作是保护森林生态系统、维护生态安全的重要措施。生态修复和恢复的实践可以采用多种措施，包括土壤改良、植被恢复、生物修复、生态工程等方面的工作，根据不同的生态环境和需求，制定合理的生态修复和恢复方案，实现生态系统的恢复和重建。

三、森林公园旅游资源保护

（一）森林公园旅游资源保护内容

1. 生物资源保护

（1）森林资源保护

随着人们环保意识的加强，人为破坏森林植被的现象已很少出现，目前森林资源主要来自两方面的威胁，一是森林火灾，二是森林病虫害。

对森林火灾，应坚持“预防为主，积极消灭”的方针，做好《森林防火条例》的宣传工作，加强游客的防火意识，建立专业防火队伍，并定期或不定期地清除林区的可燃物，尤其是防火季节要狠抓清林工作和严禁携火进入林区，做到早发现，早消灭。

对于森林病虫害应坚持“早预测，早预报，早防治”的方针，防治措施采用以生物防治为主，化学防治为辅的综合防治办法，确保鸟兽不受威胁。

（2）野生动物资源保护

在旅游道路边设置野生动物保护宣传牌，介绍野生动物保护知识。建设野生动物救助站，禁止一切有威胁动物生存的活动。

2. 景观资源保护

景观资源保护是旅游资源保护的核心，必须贯穿于森林公园旅游资源开发的始终，在公园建设过程中要注重保护，在旅游产品开发中也要时刻注意景观资源的保护，确保景观资源的可持续利用。

3. 生态环境保护

生态环境保护不但影响旅游区的可持续发展，同时也对游客的游览质量和公园形象具有重要影响。在开发建设和旅游业经营中应制定完善的生态环境保护方案，采取严格的保护措施，保障生态环境不受破坏。

（1）大气保护

森林公园空气的污染源主要来自汽车行驶中引起的粉尘和尾气；餐厅及公共场所排出的油烟气体；居民烧煤、烧柴、烧庄稼秸秆引起的烟尘；野营篝火中烧柴及烧烤食物等。应制定相应的措施防止空气污染。

（2）水土保护

水域和山体是森林公园的重要资源依托，对其保护要引起绝对的重视。严禁对山体植被以及对重要景点建成后的周边山林的乱砍滥伐，过度放牧。任何建设用地开发、河道整治和道路建设工程，必须配以相应的水土流失防治工程措施。

（二）森林公园旅游资源保护措施

1. 通过生态区划提出相应的管制措施

（1）生态区划

结合森林公园地质、地貌、生物、水文、气候等生态因素，进行生态适宜性评价，将森林公园划分为核心保护区、重点保护区、生态保育区和建设控制区四大生态旅游功能区，并提出相应的管制措施。

（2）增强森林旅游资源保护意识

森林旅游资源是森林公园旅游开发的前提，是百年自然的造化和人类历史留下的精髓，具有不可再生性，一旦破坏，难以复原，因此，森林资源的保护首先要解决的是增强森林旅游资源保护意识的问题。

一方面要全面提高和增强公园管理和从业人员法制意识，责任意识、服务意识，确保森林资源安全、维护生态环境，充分发挥基层组织在森林旅游资源保护的基础保障作用。

另一方面要加强对游客的宣传教育、规范游人的游览行为，增强游客的生态环保、爱护森林意识。对游人行为进行正确的引导，可采用宣传牌导游提醒等方式进行，但应注意使用委婉、温馨的语言表述，使游人怀着愉悦的心情自觉约束自己的行为。在规范游人行为时，可配合采用奖罚手段进行，对在森林公园中损毁花草树木、擅自用火及擅自采集野生药材和其他林副产品的人员，责令其赔偿损失。

（3）加强森林公园规划的科学性

做好旅游开发规划，需要对森林公园的自然资源、人文历史、地理位置等因素进行全面调查和评估，以便充分了解和利用森林公园的潜力和优势。制定科学合理的规划目标，明确森林公园的主要功能和定位。规划目标应该综合考虑生态环境保护、旅游服务、文化传承和社会教育等多个方面。综合考虑自然环境、游客需求和管理需要等因素，合理安排场地、景点、交通和设施等要素，制定细致完善的管理和服务方案，提供全方位的游客服务和保障，建立完善的评估和监测体系，及时了解和掌握森林公园的环境变化和游客满意度，为森林公园规划和管理提供科学依据和支持。同时，定期进行管理和服务的评估和改进，不断提高管理和服务水平，以实现森林公园的可持续发展和生态保护。

（4）加强法制建设

法律法规是对游客管理的依据，也是资源保护的基础。针对森林公园旅游区的特点，宣传有关资源保护的法律法规，使游客明白自己在旅游中的行为准则，知道哪些可以做，哪些不可以做，这对资源的保护极为重要。尤其是对素质不高，缺乏环境保护意识的游客来讲，法律法规的约束显得更为必要。

中国森林旅游业虽起步较晚，但法制建设却在突飞猛进。《森林法》《森林公园管理暂行条例》《文物保护法》《环境保护法》等一系列法规相继出台，《中华人民共和国旅游基本法》也正在审议中。在现有立法基础之上，国家应尽快出台森林旅游资源保护、森林旅游行为管理之类的法律、法规，以规范森林旅游资源的开发和利用活动。同时，地方行政主管机关也要细化相关配套政策。在森林公园旅游开发规划中对各项建设项目实行环境影响评价，依法促进人与自然之间的和谐发展。

第四章　森林管理技术

第一节　森林管理的目标和原则

一、森林管理的目标

森林管理的目标主要包括以下几个方面。

（一）维护森林生态系统的稳定性和完整性

森林生态系统是由众多的生物和非生物要素组成的复杂系统，为了保障其长期稳定和健康发展，需要通过合理的森林管理措施维护森林生态系统的稳定性和完整性，包括促进植被恢复、防治病虫害、控制森林火灾等。

（二）实现可持续经济利用

森林资源是人类的重要资源之一，通过合理的经济利用可以为社会和经济发展做出贡献，但同时也需要确保可持续经济利用，避免资源过度开发和浪费，保障森林资源的长期利用和可持续发展。实现可持续经济利用是森林管理的重要目标之一。可持续经济利用指的是在保障森林生态系统健康和稳定的前提下，合理利用森林资源，实现经济效益和社会效益的平衡。具体实现可持续经济利用需要注意以下几点。

1. 制订合理的经营计划和管理措施

制订合理的经营计划和管理措施是实现可持续经济利用的前提。经营计划应该考虑到森林生态系统的恢复和保护，同时也要考虑到经济效益和社会效益。管理措施需要确保森林资源的合理利用和可持续利用。

2. 加强技术创新和人才培养

技术创新和人才培养是实现可持续经济利用的重要手段。通过技术创新可以提高森林资源的利用效率和品质，同时也可以降低对森林生态系统的影响。人才培养方面，需要加强对森林资源的科学管理和利用的培训和教育。

3. 推广绿色经济模式

绿色经济是指以可持续发展为基础，实现经济发展和生态环境保护的双重目标的经济模式。在森林经济活动中，可以通过推广绿色经济模式，实现森林资源的可持续利用和生态环境保护的双重目标。

4. 加强监测和评估

加强对森林经济活动的监测和评估是实现可持续经济利用的重要保障。监测和评估需要考虑到森林生态系统的保护和可持续利用，同时也要考虑到经济效益和社会效益。通过监测和评估，可以及时发现和解决问题，保障森林经济活动的可持续发展。

（三）保障生态安全和公共安全

森林资源对于生态安全和公共安全有着重要的作用，森林防护工作是保障生态安全和公共安全的重要手段，森林管理的目标之一就是通过加强森林防护工作保障生态安全和公共安全。具体而言，森林管理在保障生态安全和公共安全方面需要从以下几个方面开展工作。

1. 防止自然灾害

森林生态系统能够减缓、吸收和稳定气候变化、防止自然灾害的发生。因此，森林管理需要加强对于自然灾害的监测和防范，及时采取应对措施，减少灾害对于生态系统和公共安全的危害。

2. 防止人为破坏

人类活动对于森林生态系统的破坏是保障生态安全和公共安全的重要威胁之一。因此，森林管理需要通过加强对于违法砍伐、非法采伐和捕猎等违法行为的打击和制止，维护生态系统的完整性和公共安全。

3. 加强野生动物保护

野生动物是森林生态系统的重要组成部分，对于维护生态安全和公共安全具有重要作用。因此，森林管理需要加强对于野生动物的保护和管理，防止野生动物对于人类造成威胁。

4. 加强森林防火

森林火灾是森林生态系统面临的重要威胁之一，对于生态系统的稳定性和公共安全具有重要影响。因此，森林管理需要加强对于森林防火的监测和管理，及时采取应对措施，保障生态系统和公共安全。

综上所述，森林管理的目标之一就是保障生态安全和公共安全。通过加强自然灾害防治、防止人为破坏、野生动物保护和森林防火等措施，可以维护森林生态系统的稳定性和完整性，保障生态安全和公共安全的实现。

（四）促进社会公益事业

森林生态系统是社会公益事业的重要组成部分，通过保护和管理森林生态系统可以促进社会公益事业的发展，包括文化旅游、生态教育、环境保护等方面的事业。

1. 森林管理对于生态环境保护的作用

森林是地球上最重要的生态系统之一，对于维护生态平衡、促进气候调节、保障水源和土壤保持等方面都具有重要作用。而森林管理则是保护森林生态系统、维护生态安全的重要手段。科学的森林管理可以保障森林生态系统的稳定性和完整性，从而达到保护生态环境的目的。例如，采取科学的森林火灾预防和控制措施，可以避免森林火灾对生态环境造成的破坏；采取科学的森林防护措施，可以减少森林病虫害的发生，保障森林生态系统的健康发展。

2. 森林管理对于文化遗产保护的作用

森林中保存着丰富的文化遗产，包括传统的林木神话、森林文化、乡土文化等。保护和管理森林有助于维护和传承这些文化遗产。例如，在森林中设立文化旅游景点，可以让游客更好地了解森林文化的历史和内涵；在森林中开展文化节庆等活动，可以激发公众对于森林文化的兴趣和热爱。

3. 森林管理对于生态旅游和休闲的作用

森林生态系统具有多样性、复杂性和稳定性等特点，是进行生态旅游和休闲的理想场所。而科学的森林管理可以提高森林生态系统的质量和效益，从而提升生态旅游和休闲的质量和体验。例如，通过合理的森林规划，可以开辟生态旅游和休闲区域，为游客提供更好的服务和体验；通过科学的森林保护和管理，可以提高森林的生态环境质量，为生态旅游和休闲提供更好的基础保障。

4. 森林管理对于社会教育的作用

森林管理不仅对于生态系统的维护和经济利用具有重要作用，同时还对社会教育和文化传承产生影响。

（1）提供自然课堂

森林是自然界最为复杂、生态功能最为完整的生态系统之一。通过森林管理，可以提供一个开放、自然的环境，为学生提供了一个自然课堂。在森林中，学生可以通过实地观察、采集标本、探究生态系统的构成与功能等方式，深入了解生态系统的结构和生态过程，感受自然的奇妙与神秘。

（2）促进环境教育

森林管理是环境教育的一种重要手段。通过对森林资源的保护和管理，可以引导公众正确认识生态环境和生态系统的重要性，了解人类活动对生态系统的影响，进而增强环保意识和责任心。同时，通过组织各种环境教育活动，如讲座、展览、竞赛等，可以深入地传播环保知识和理念，提高公众对环保问题的关注度和认识水平。

（3）传承文化教育

森林是许多文化的发源地和传承地。通过森林管理，可以保护和传承各种文化，如民俗文化、林木神话、森林文化等。同时，也可以通过各种文化活动，如森林音乐会、森林艺术展等，将森林文化和森林艺术与大众文化相融合，促进文化交流与互动，丰富公众的文化生活。

（4）促进健康教育

森林对人类的健康具有积极的影响。通过森林管理，可以提供一个优美、宜人的自然环境，促进人们的身体和心理健康。在森林中，人们可以进行户外运动、休闲旅游、森林浴等活动，增强身体素质和免疫力，缓解压力和疲劳，提高身体健康水平。同时，也可以通过健康教育活动，如健康讲座、森林保健指导等，传播健康知识和技能，提高公众健康素质和生命质量。

森林管理对于促进健康教育的作用主要包括以下方面：第一，提供健康环境。森林是一个自然、清新、宜人的环境，是人们进行户外运动和休闲旅游的理想场所。通过森林管理，可以提供一个优美、安全、健康的自然环境，促进人们的身心健康；第二，促进身体锻炼。在森林中，人们可以进行徒步旅行、慢跑、登山等运动，增强身体素质和免疫力，缓解压力和疲劳，提高身体健康水平。通过提供多种类型的健康活动，如户外运动、旅游等，促进公众参与健康教育，提高公众健康素质和生活质量；第三，开展健康教育。通过在森林中开展健康教育活动，如健康讲座、森林保健指导等，传播健康知识和技能，提高公众健康素质和生命质量。此外，还可以开展健康检查和疾病预防工作，提供健康管理服务，促进公众健康；第四，提供心理疏导。森林环境可以缓解压力和疲劳，促进心理健康。在森林中，人们可以享受安静的自然环境，沉浸在大自然中，放松心情，缓解焦虑和压力，促进心理健康。

总之，森林管理对于促进健康教育具有重要的作用。通过提供健康环境、促进身体锻炼、开展健康教育、提供心理疏导等多种方式，可以提高公众健康素质和生命质量，实现可持续发展目标。

（五）实现国际环境公约的目标

森林管理也是实现国际环境公约的目标的重要手段之一。在全球层面，联合国和其他国际组织制定了一系列环境公约，包括《生物多样性公约》《气候变化框架公约》等。这些公约旨在促进全球环境保护和可持续发展，而森林生态系统是实现这些目标的重要组成部分。例如，生物多样性公约鼓励各国保护和管理生物多样性，而森林是维护生物多样性的重要栖息地。通过科学的森林管理，可以保护和恢复森林生态系统的多样性，促进生物多样性的保护。同时，气候变化框架公约也强调减少碳排放和增加碳汇，而森林生态系统的碳汇功能是实现这一目标的重要途径之一。因此，通过科学的森林管理和保护，可以有效地实现国际环境公约的目标，推动全球环境保护和可持续发展。

二、森林管理的原则

森林管理是指在保护和利用森林资源时，采取的一系列规划、组织、指导、监督、调控、评价和管理等措施。科学的森林管理可以保护和增强森林生态系统的功能，实现森林资源的可持续利用，同时还可以维护生态安全和公共利益。在实践中，森林管理需要遵循一定的原则和规范，介绍森林管理的原则及其详细内容。

（一）综合原则

综合原则是指在森林管理中要综合考虑生态、经济、社会等多个方面的因素，实现可持续发展。

1. 生态优先原则

森林生态系统是森林管理的基础和核心，在进行森经营和保护时，应优先考虑森林生态系统的保护和恢复。森林生态系统是维持生命和人类社会发展的基础，生态优先原则可以保障森林生态系统的稳定。

2. 经济效益与社会效益统一原则

森林资源是社会财富，森林管理要综合考虑经济效益和社会效益，实现可持续发展。

3. 政策协调原则

森林管理要协调国家政策、地方政策、行业政策和企业政策等，形成合力，实现统一管理和合理利用。

（二）科学原则

科学原则是指森林管理要基于科学的理论和方法，制定科学的规划和方案，实现森林资源的科学管理。

1. 科学规划原则

森林管理要基于科学的调查和评估，制定符合实际情况的规划和方案，确保森林管理的科学性和有效性。

2. 技术创新原则

森林管理要不断推进科技创新，采用新技术、新材料和新工艺，提高森林管理的技术水平和效率。

3. 信息化管理原则

森林管理要采用信息化技术，实现信息化管理，提高管理效率和水平。

（三）参与原则

参与原则是指在森林管理中要充分发挥公众的作用，促进社会各方面的参与和协作，形成合力，实现可持续发展。

1. 社会参与原则

森林管理要尊重公众的意见和利益，增强公众的参与意识和能力，实现民主参与，推动森林管理的民主化和社会化。

2. 公共服务原则

森林管理要提供公共服务，满足公众的需求和利益。

（1）森林资源的公共性

森林资源是公共资源，应该在公共利益的基础上进行管理和利用，保障公众的合法权益。

（2）公众参与

森林管理应该重视公众的参与，通过公众参与，可以更好地了解公众的需求和意愿，提高管理效果和社会认可度。

（3）公众服务

森林管理要以公众服务为宗旨，提供各种森林相关的公共服务，如森林防火、环境保护、旅游服务等，满足公众的需求和利益。

（4）社会责任

森林管理要承担社会责任，促进社会公正和可持续发展，尊重自然环境和生态系统，保护和传承人类文化和历史遗产。

（5）信息公开和透明

森林管理要公开信息，提高管理的透明度和公众参与度，加强监督和反馈机制，推动管理的公正性和科学性。

总之，公共服务原则是森林管理的基本原则之一，它要求森林管理者以公众利益为中心，重视公众的参与和需求，提供各种公共服务，承担社会责任，加强信息公开和透明度，促进可持续发展和社会公正。

第二节　森林管理技术的分类和特点

森林资源调查是指对森林生态系统进行全面、系统、科学的调查和评估，以获取有关森林生态系统的物种、群落、地形、土壤、水文、景观等方面的基础数据，为森林生态系统的保护和管理提供科学依据。森林资源调查技术是保障森林资源可持续利用的重要手段之一，可以帮助管理者了解森林生态系统的现状和发展趋势，制订出科学合理的管理计划，促进森林的可持续发展。

一、森林地图制作技术

森林地图是森林资源调查的重要组成部分，它可以直观地反映森林资源的空间分布和数量状况。森林地图制作技术包括卫星遥感技术、GPS 技术、数字制图技术等。

（一）卫星遥感技术

卫星遥感技术是利用卫星对地球表面进行高分辨率成像，获取地球表面的信息。通过卫星遥感技术，可以获取到森林资源的覆盖面积、类型、空间分布等信息，较好地解决了森林调查的空间数据问题。卫星遥感技术可以分为光学遥感技术和雷达遥感技术两种。光学遥感技术通过测量地球表面反射和辐射的能量，来获取地球表面的信息；雷达遥感技术通过测量微波辐射来获取地球表面的信息。卫星遥感技术可以大大提高森林地图的制作精度和效率，是目前最为主流的森林资源调查技术之一。

（二）GPS 技术

GPS 技术是一种全球定位系统技术，可以用于获取地球表面物体的经纬度坐标信息。通过 GPS 技术，可以实现森林生态系统的定位和测量，包括森林面积、森林类型、森林生长状况等方面的信息。GPS 技术可以较好地解决森林地图的位置数据问题，同时还可以提高森林资源调查的精度和效率。

（三）数字制图技术

数字制图技术是在计算机技术和地图制图技术的基础上，利用计算机和相关软件工具制作和处理地图的技术。这种技术通过数字化和图形化的方式呈现森林资源的分布情况、空间分布特征和资源量等信息，为森林管理和保护提供了重要的技术手段。

数字制图技术主要包括以下几种。

1. 地理信息系统（GIS）

GIS 是一种利用计算机和相关软件工具进行地理信息处理、存储、分析和制图的技术。通过 GIS 技术，可以将森林资源的分布情况、空间分布特征、资源量等信息进行数字化处理，制作各种类型的地图，并对森林资源进行空间分析和模拟。

2. 遥感技术

遥感技术是通过卫星、飞机等远距离获取地球表面信息的技术。通过遥感技术，可以获取森林资源的空间分布、类型、面积、林龄、树种、植被覆盖度、林冠密度等信息，为森林资源的调查和管理提供数据支撑。

3. 全球定位系统（GPS）

GPS 是一种全球卫星导航系统，通过卫星和接收器的组合定位，可以获得精确的地理位置信息。在森林资源调查和管理中，可以使用 GPS 技术获取森林资源的位置信息和分布情况，并将其数字化处理和制图。

4. 数字地形模型（DTM）

DTM 是通过遥感技术和 GPS 等技术获取地形高程数据，并经过数字化处理得到的三维数字地形模型。通过 DTM 技术，可以对森林资源的地形特征进行数字化处理，制作出高程、坡度、坡向等地形要素的数字地形模型，为森林资源的管理和规划提供数据支撑。

5. 图像处理技术

图像处理技术是通过计算机技术和图像处理软件对图像进行数字化处理和修复的技术。在森林资源调查和管理中，可以使用图像处理技术对卫星遥感图像、航空摄影图像等进行处理，提高图像的清晰度和精度，为森林资源的调查和管理提供精确的数据支撑。

6. 空间分析技术

空间分析技术是一种基于地理信息系统的技术，主要用于分析和处理空间数据。在森林资源调查中，空间分析技术可以用于分析森林资源的分布、类型和面积等方面的信息，从而为森林资源的管理和保护提供数据支持。常见的空间分析技术包括空间差值分析、缓冲区分析、空间叠置分析等。

总之，数字制图技术在森林资源调查和管理中具有重要的作用，它能够为森林资源的调查、监测、管理和保护提供数字化的、准确的、高效的技术支撑。

二、野外调查技术

野外调查是指在实地进行的森林资源调查技术，通常需要专业人员对森林的生态环境、植被类型、树种组成、森林生长情况、生物多样性等进行系统调查和分析。野外调查是森林资源调查的基础，通过野外调查可以获取精确的数据和信息，为森林的管理和保护提供依据。野外调查技术主要包括以下方面。

（一）定位技术

定位技术是指在野外调查中确定调查点位和样方的技术。常用的定位技术包括全球定位系统（GPS）技术和地图制作技术。GPS 技术可以提供高精度的定位信息，可以快速准确地定位调查点位和样方，减少人力和时间成本。地图制作技术则是利用地图对调查区域进行定位，主要包括影像地图、卫星影像图和数字地形模型等技术。

（二）样方设计技术

样方设计技术是指在野外调查中确定样方数量、形状、大小和分布方式的技术。样方设计是森林资源调查的重要环节，样方的合理设置可以减小误差，提高调查结果的可靠性和精度。常用的样方设计技术包括随机抽样技术、系统抽样技术和分层抽样技术等。

（三）调查方法

调查方法是指在野外调查中对森林资源进行详细、系统的调查方法和操作流程。常用的调查方法包括样方调查法、古树名木调查法、树木计量调查法等。样方调查法是指在样方内对森林植被类型、树种组成、胸径、树高、枝干高、密度等指标进行调查。古树名木调查法是指对古树名木的数量、分布、生态环境等进行调查。树木计量调查法是指对树木的树高、胸径、树冠等指标进行测量，以了解森林资源的数量和分布情况。

在实际调查中，需要根据调查目的和调查对象的特点选择合适的调查方法，同时结合现代技术手段，如GPS、卫星遥感等进行辅助调查，提高调查效率和精度。

（四）调查结果的分析与应用

森林资源调查的结果对森林管理和保护具有重要意义，需要对调查结果进行分析和应用。常用的分析方法包括统计学分析、空间分析和模型模拟等方法。统计学分析可以通过对调查数据的处理和统计，了解森林资源的数量、分布、结构等特征，为森林管理提供科学依据。空间分析可以利用地理信息系统等工具，将森林资源的空间分布情况进行可视化展示和分析，为区域森林规划和管理提供参考。模型模拟可以通过建立森林生态系统模型，模拟森林生态系统的生产、消耗和循环过程，为森林管理提供决策依据和预测。

通过对调查结果的分析和应用，可以实现森林资源的科学管理和保护，实现可持续利用的目标。同时，也可以为相关研究提供基础数据和参考，促进森林科学研究的发展。

三、遥感技术

遥感技术是指利用航空器或卫星等载体，通过对地球表面物体的辐射能量进行感知、测量、处理和分析，获得地球表面及其大气、水体等自然资源的信息和数据的技术。在森林资源调查中，遥感技术可以快速、准确地获取森林资源分布和变化情况，对森林资源的保护和管理具有重要意义。

（一）遥感技术的分类

根据不同的传感器、分辨率、波段等，遥感技术可分为以下几类。

1. 光学遥感技术

光学遥感技术是指利用卫星或飞机上的光学传感器对地面进行观测和记录

的遥感技术，包括可见光、近红外、红外等波段的观测。其中可见光波段最为常见，能够提供高分辨率、丰富的图像信息，是森林资源调查中常用的遥感技术之一。

2. 热红外遥感技术

热红外遥感技术是指利用卫星或飞机上的红外传感器对地表温度进行观测和记录的遥感技术。由于森林植被和裸地表面的温度差异较大，因此可以通过热红外遥感技术快速准确地获取森林资源的分布情况。

3. 雷达遥感技术

雷达遥感技术是指利用合成孔径雷达等雷达设备对地面进行观测和记录的遥感技术。由于雷达能够穿透云层和植被，因此可以在复杂地形和密林地区获取高质量的遥感数据。

4. 激光雷达遥感技术

激光雷达遥感技术是指利用激光扫描仪对地面进行高精度、高分辨率的三维观测和记录的遥感技术。由于激光雷达可以提供精准的地形和地貌信息，因此在森林资源调查中具有重要作用。

（二）遥感技术在森林资源调查中的应用

遥感技术在森林资源调查中的应用非常广泛，具体包括以下几个方面。

1. 森林覆盖度的测量

通过遥感技术可以获取森林覆盖度的分布和变化情况，从而实现对森林资源的调查和监测。遥感技术可以利用卫星图像和航空摄影图像等数据，通过图像处理和解译等方法，得出森林覆盖度的面积和分布情况，帮助管理人员更加精确地了解森林资源的情况，从而采取更加有效的管理措施。

2. 森林类型的分类

利用遥感技术通过对遥感影像的分类和解释，可以对森林类型进行分类，包括森林林种、林分结构、森林地貌等，还可以通过图像解译、数字图像处理等手段对不同的森林类型进行分类和划分，以便于森林资源的科学管理和利用。

3. 森林火灾的监测和预警

遥感技术在森林灾害监测和预警方面具有独特优势。例如，热红外遥感可以实时监测森林火灾，为火灾扑救提供实时信息；光学遥感和雷达遥感等可以用于森林病虫害、干旱等灾害的监测和预警，有助于及时采取防治措施，降低森林灾害的损失。

4. 森林资源变化的监测

遥感技术可以监测森林资源的变化情况，包括森林面积、林分结构、植被覆盖度、生长状况等。通过对森林资源变化情况的监测，可以及时了解森林资源的状况，采取相应的管理措施，保护和维护森林资源的稳定性和完整性。

5. 森林生态系统的监测和评估

遥感技术可以对森林生态系统的状态进行监测和评估，包括土壤水分状况、植被覆盖度、土壤质量、生物多样性等。通过遥感技术的监测和评估，可以及时掌握森林生态系统的状况，及时采取保护和改善措施，实现森林生态系统的可持续发展。

6. 森林资源管理的决策支持

遥感技术可以提供森林资源管理的决策支持，包括制订管理计划、资源利用规划、生态保护措施等。通过遥感技术的数据分析和处理，可以获得森林资源的多维度信息，如植被类型、树种组成、覆盖度、生长状态等，帮助决策者制订合理的管理计划和资源利用规划。

例如，在保护森林生态环境的决策中，遥感技术可以提供关于森林生态环境状况的数据支持，包括空气质量、水质状况、土地利用状况等，从而帮助决策者制定相应的生态保护措施。

此外，遥感技术还可以为森林资源管理提供快速、高效的数据处理和分析工具，使决策者可以更好地利用数据，制定更科学、更合理的管理策略和措施，从而实现森林资源的可持续利用和保护。

总之，遥感技术在森林资源调查和管理中的应用，为我们了解森林资源的现状、制订合理的管理计划、保护生态环境、实现可持续发展提供了重要的支持和保障。随着遥感技术的不断发展和应用，我们相信在未来的森林资源调查和管理工作中，遥感技术将发挥越来越重要的作用。

第三节 森林资源监测和调查方法

一、森林资源监测和调查方法分析

森林资源监测和调查方法是指对森林资源进行长期监测和定量调查的方法和流程，目的是获取有关森林资源的实时和准确的信息，从而更好地指导森林资源的管理和保护工作。常见的森林资源监测和调查方法包括以下几种。

（一）样方调查法

样方调查法是指在预先设定的样方内进行野外调查，通过对样方内森林植被类型、树种组成、胸径、树高、枝干高、密度等指标进行测量和统计，进而推算出样方外整个森林资源的状况。样方调查法是一种常用的森林资源调查方法，其优点是调查结果可靠、数据准确，适用于大面积的森林资源调查。

（二）GPS 技术

GPS 技术是指利用全球定位系统对森林资源进行定位和测量的技术。通过 GPS 技术可以获取森林资源的空间分布和位置信息，以及森林道路、管护设施等的位置信息，从而为森林资源的管理和保护提供便利。

（三）遥感技术

遥感技术是指利用卫星、无人飞行器等对地面进行拍摄和扫描，通过遥感图像的解译和分析，获取森林资源的空间分布和信息的技术。遥感技术可以提供大范围、高分辨率、多角度的森林资源信息，可以辅助样方调查和地面测量，提高森林资源调查和监测的效率和准确性。

（四）生态学方法

生态学方法是指利用生态学理论和技术对森林生态系统进行监测和调查的方法。生态学方法可以从系统的角度对森林生态系统进行调查和监测，包括生物群落结构、物种多样性、生态功能等指标的测量和分析。

（五）经济学方法

经济学方法是指利用经济学理论和方法对森林资源进行监测和调查的方法。经济学方法可以对森林资源的产出、消耗、流通等经济指标进行测算和分析，从而评估森林资源的经济价值和效益，为森林资源的管理和利用提供决策支持。

（六）社会学方法

社会学方法是指利用社会学理论和方法对森林资源进行监测和调查的方法。社会学方法可以从社会的角度，对森林资源进行调查和研究，探讨人类活动对森林资源的影响和森林资源管理的社会问题。常用的社会学方法包括问卷调查、访谈、观察等。

1. 问卷调查

问卷调查是一种有效的数据收集方式，通过设计合适的问卷，可以获取关于森林资源利用、保护和管理的定量和定性数据。例如，通过问卷调查了解地方居民对森林资源的态度、认识和行为，分析社会经济因素对森林资源保护和管理的影响。问卷调查的结果可为制定森林资源保护政策和管理措施提供有力依据。

2. 访谈

访谈是一种常用的质性研究方法，可用于收集关于森林资源利用、保护和管理的深入信息。例如，通过对森林资源管理者、利用者和保护者的访谈，了解他们在实际工作中遇到的问题和挑战，收集关于森林资源保护和管理的经验和建议。访谈的结果对于完善森林资源保护政策和管理措施具有重要意义。

3. 观察

观察是一种直接了解研究对象的方法，可用于收集关于森林资源利用、保护和管理的现场信息。例如，通过对森林资源利用、保护和管理过程的实地观察，了解人类活动对森林资源的实际影响，发现森林资源保护和管理中存在的问题。观察的结果有助于制定针对性的森林资源保护政策和管理措施。

总之，问卷调查、访谈和观察等社会学方法在森林资源监测与调查中具有重要的应用价值。通过运用这些方法，可以更全面地了解森林资源的利用、保护和管理状况，为制定合理、有效的森林资源保护策略和管理措施提供有力支持。在未来的森林资源研究中，应进一步加强这些社会学方法的应用，以促进森林资源的可持续利用和保护。

二、森林资源监测形势与挑战

面对新的形势任务，森林资源监测工作如何融入山水林田湖草一体化监测工作，为森林资源监管工作提供全面精准、安全高效的数据支撑和智慧服务，协助推进对森林资源这一生命共同体中最核心要素的精细化管理是需要研究的重要课题。

山水林田湖草系统治理格局，要求森林资源监测融入生态环境整体监测这个大局。

生态环境是一个复杂的有机整体，包括了山水林田湖草等各种自然要素，它们相互作用、相互依存，构成了一个生态系统。因此，要实现对生态环境的有效治理和管护，必须采取系统治理和综合管护的方法，我国的森林资源监测工作在保障服务森林资源监管方面取得了卓越的成绩。

然而，先前由于隶属关系不同、监测对象不同、技术规程和技术手段应用的差异，森林资源监测独立于生态环境整体监测之外，剥离了监测环境中可能存在的湿地、河流、荒漠、草场、野生动植物等其他生态环境因子、如何统筹考虑各生态要素以及山上山下、地上地下、流域上下游，尽快将森林资源管理“一张图”覆盖到整个生态环境监测之中，融入“生态环境未来发展蓝图”，甚至于推入到山水林田湖草一体化监测工作，实现一次监测获取全面指标等方面有待进一步深入研究。

林草高质量发展和现代化建设目标，要求森林资源监测发挥精准支撑作用。

实现森林生态系统的持续健康发展。生态林业是现代化林业的发展方向，它强调人与自然和谐共生，以生态学原理为指导，建立和维护健康的森林生态系统，实现经济效益、社会效益和生态效益的协调发展。为了实现生态林业的发展，需要保持生态系统的完整性，维护生物多样性和生态平衡，防止人类活动对生态系统造成破坏。现代化林业发展对实施最严格的森林资源保护、最便捷的征占用林地和采伐审批监管、最精准的森林资源动态消长监测、全面加强森林经营以满足人民需求等方面工作均提出了全新要求。必须着力推进森林资源管理数字化、网络化、智能化，切实提高森林资源监测工作的效率和能力，通过国内精准的技术保障以全面提升森林资源管理现代化、精细化水平。

森林资源监测工作应着眼于如何进一步完善国家、省、县一体化森林资源监测体系，抓好全国森林资源管理“一张图”管理、更新和应用；着眼于如何进一步应用高分辨率遥感影像和森林资源清查技术固定样地强化监测，抓好征占用林地和采伐快速审批以便事中事后监管；着眼于高效服务开展定期检查和应急实时检查。需要深入探索积极推进国家、省、县森林资源管理一张图、一套数、一个体系监测、一个平台监管，及时将林地保护利用规划、“十四五”采伐限额、森林经营方案、造林设计、采伐设计等落地上图，实现以图管地、以图管林，最终实现森林可持续经营。

技术和手段的快速发展，对森林资源监测升级提供了发展战略期。

随着科技的进步，森林资源监测的手段和技术不断得到升级和改进。现代森林资源监测技术包括遥感技术、地理信息系统（GIS）技术、全球定位系统（GPS）技术、无人机技术等。这些技术可以有效地获取森林资源的空间、时间和数量信息，精确分析和评估森林资源的变化和状态，从而为森林资源管理和保护提供科学的依据和决策支持。

具体来说，遥感技术可以通过卫星或飞机等遥感设备获取森林资源的空间和时间信息，包括森林面积、植被覆盖度、森林类型、树种组成等。地理信息系统（GIS）技术可以对这些信息进行空间分析和统计分析，生成森林资源的分布图、统计图、时空变化图等，更好地了解和把握森林资源的变化趋势和状态。全球定位系统（GPS）技术可以精确定位森林资源的位置和空间信息，为野外勘察和监测提供了更加准确的数据。

此外，无人机技术也成为现代森林资源监测的重要手段。无人机可以在较低的高度飞行，可以更加准确地获取森林资源的空间信息和数量信息。通过搭载摄像头和其他传感器，无人机可以获取高分辨率的图像和数据，更好地分析和评估森林资源的状况。

总之，技术和手段的快速发展，为森林资源监测升级提供了发展战略期。随着技术的不断更新和发展，森林资源监测也将得到进一步的升级和完善，更加精确和有效地把握森林资源的变化和状态。

三、森林资源监测存在的问题

（一）监测对象因子较少，监测工作定位较低

我国现行的森林资源监测体系主要监测对象为森林面积、森林类型、林龄、森林生长状况等少数指标，不能全面反映森林资源的质量和状况。例如，对于森林健康状况、生物多样性、生态系统功能等方面的监测仍然存在一定的局限性。因此，需要对监测指标进行全面梳理和评估，加强对森林生态系统多元化监测和评估，提高监测指标的科学性和全面性。

（二）国家、地方两套体系，监测结果协同困难

我国森林资源监测体系包括国家监测和地方监测两个层次。其中，国家监测是建立在数理统计抽样原理上的样的监测体系，而地方监测体系是基于小班的全覆盖监测体系。由于数据来源、监测指标和监测方法等方面的不同，导致监测结果难以协同，使得全国森林资源的监测结果难以形成一个完整的、一致性的体系，也难以为森林资源管理和保护的决策提供统一的依据和参考。国家监测体系存在的主要问题主要有以下几个。

一是监测期跨度大，时效性差，无法实现年度出数，由于森林资源的生长和变化具有较长的时间跨度，而现有的监测手段和技术往往需要一定时间才能获取和处理监测数据，导致监测结果的时效性不高，难以及时反映森林资源的变化和状态。

二是以省为单位进行的检测工作的开展和监测指标的制定等方面存在一定的差异和局限性，导致监测结果的精细程度不高，难以为地方政府的决策提供足够的支持和参考。

三是国家监测是建立在抽样调查基础上，数据精度有保证，但监测数据无法落地，导致依据国家监测数据所制定的各项政策在执行时缺乏针对性。地方监测以省、市、县为主体，各地监测水平层次参差不齐，投入力量水平不均，缺乏国家层面技术指导和监管，成果质量难以保证。国家监测和地方监测两个

体系同时并存，各自运行，直接导致了监测结果协同困难，往往会造成一个区域内出现两套数据、两个结果的局面，给地方政府决策以及政策的制定带来很大的不便。解决好国家监测与地方监测、一般普查与专项监测之间体系协同、框架对接、技术标准、监测结果协同性等问题变得十分必要。

（三）监测功能较为单一，精细服务能力不足

经过长期的建设和发展，我国形成了以森林资源监测为主、各类专项监测（森林生态环境定位监测、森林自然灾害监测等）为辅的森林资源监测体系。由于森林资源的生态环境非常复杂，涉及多种自然因素和人为因素的相互作用，因此监测工作需要具备多种功能，才能够全面反映森林资源的状况和变化。但是，现有的监测工作中，往往只注重某一方面的监测，而忽视了其他方面的监测，导致监测结果的精细程度和服务能力不足。在监测成果应用方面，多集中在宏观层面，如林业宏观管理和决策、林业发展规划编制、领导干部任期目标责任制考核、森林采伐限额编制、林地定额测算等；而在微观生产经营领域应用能力偏弱，难以与采伐管理、森林经营管理、森林病虫害监测等成果有效整合，无法为上述工作提供精细化服务，成果深入服务能力有待加强。

（四）技术手段依然落后，装备水平亟待升级

目前，我国的森林资源监测技术手段相对其他行业明显落后，效率偏低，已不适应新时代林业发展要求。近年来，尽管在森林资源监测领域已经涌现出了不少新技术和新手段，例如遥感技术、GIS 技术、人工智能等，但是在实际监测工作中，仍然存在着技术手段落后、装备水平低下的情况，导致监测数据的精度和时效性无法得到保证。同时，由于缺乏设备购置经费，森林资源监测软硬件设备配置更新缓慢，许多基层监测单位调查工具仍以罗盘仪、测绳和测高器等落后装备为主，致使监测人员调查任务繁重，工作强度大，与现代林业要求不相适应。

（五）基础研究创新不足，人才队伍建设滞后

监测基础性工作包括各类标准和技术规范制定、林业基础数表建设等，多年来一直不被重视、投入不足。以林业基础数表为例，目前各省沿用的林业数表多为 20 世纪六七十年代所建（部分省缺乏本省林业数表），数表编制对象

的总体特征早已发生改变，数表的适用性明显降低，已无法满足森林资源监测和管理的精细化新要求。在人才队伍建设方面，与当前新形势新要求相比，森林资源监测人才总量不足、结构不优、素质不高，高层次人才、复合型人才匮乏，特别是县、乡两级育人选人用人机制不活，人才开发经费投入不足等问题直接导致基层优秀人才紧缺，严重制约到一线森林资源监测工作的有效开展，全面提高监测人才队伍的整体素质，加强人才队伍建设已成为当务之急。

四、森林资源监测模式创新

在森林资源监测中，应用具有高度灵活性的“马赛克”概念，通过互联网实现连接，将森林调查、监督管理等一整套具有条块状数据特征的“马赛克”信息资源，以全新的方式进行信息整合和展现。这种方式可以大大提高森林资源监测工作的效率和精度，同时也更加符合现代化信息技术的发展趋势，将显著提高森林资源监测能力及其信息服务水平。

首先，森林资源监测“马赛克”模式，将有助于突破事权障碍，将一类清查、二类调查、三类调查及其他专项资源监测成果有机结合，可以实现全方位的监测和管理，包括生态环境、生物多样性、森林结构和资源量、森林火险等方面的指标。

其次，森林资源监测“马赛克”模式，将加速变革我国现有森林监测体系的调查时序规律，建立多年普查与年度监测更新相结合的时序机制，构建点面结合、上下联动、数图衔接的全国森林资源监测体系。特别是有助于将点上调查（抽样调查）、面上更新（一张图更新）有机结合起来，通过接入国家森林资源智慧管理平台的各种业务 App，把资源调查、遥感监测以及造林绿化、退耕还林、林木采伐、森林抚育、森林灾害、林地征用以及护林员现地举证等数据及时汇集到平台上来，发挥多源数据汇集的“马赛克”整体效果，实现全国森林资源管理“一张图”的及时更新和森林资源监测的实时出数，有效增强森林资源监测信息的现势性和时效性。

最后，森林资源监测“马赛克”模式，可以促进监测数据的共享和协作，提高监测工作的效率和精度，为森林资源的可持续利用和保护提供更加全面和可靠的数据支持。

五、监测新模式的关键技术创新

遵循大数据思维构建的国家森林资源智慧管理平台，建设森林资源监测“马赛克”模式大数据云平台需要综合考虑数据安全、数据采集和分析、数据共享、监测网络建设等多方面的因素，深化数据共享机制、优化监测网络布局、提高数据采集和分析能力等方面的工作，以推动森林资源监测和管理工作的不断创新和发展。

（一）强化数据安全技术

搭建大数据云平台需要充分考虑数据安全问题，建立完善的数据安全保障机制，确保监测数据的安全性和可靠性。同时，还需要加强对数据的加密和隐私保护，防止数据泄露和滥用。

（二）提高数据采集和分析技术

大数据云平台建设的关键是提高数据采集和分析能力，建立高效的数据采集和处理系统，实现对监测数据的实时采集和处理。同时，还需要加强数据分析和挖掘能力，利用机器学习和人工智能等技术，实现对监测数据的自动化处理和分析，提高监测数据的精度和时效性。

（三）优化数据共享技术

大数据云平台的建设需要建立优化的数据共享机制，实现不同地区、不同部门之间的数据共享和交流。通过数据共享，可以避免数据孤岛和重复采集，提高监测数据的利用价值和效率。

（四）加强监测网络技术

大数据云平台的建设需要加强监测网络建设，优化监测站点布局，增加监测点位密度，提高监测数据的空间分辨率。同时，还需要加强监测设备和仪器的更新和升级，保障监测设备和仪器的稳定性和可靠性。

六、3S 技术在森林监测中的应用

3S 技术在森林火灾防治、森林病虫害监测、森林资源调查、森林沙漠化监测、森林湿地监测、森林珍稀野生动物资源监测等多个方面具有应用价值，可有效为林业工作人员提供帮助，并促进我国林业经济的可持续健康发展。

（一）3S 技术的国内外应用现状

在国外，3S 技术应用较早，已经在包括森林资源监测在内的多个领域具备了较为成熟的技术体系。在国内，3S 技术起步较晚，一些问题依旧存在。但从目前来看，借助 3S 技术体系，数字高程模型、数字正射影像图、矢量数据监测已经成为常态，且具有广阔的发展空间，符合林业发展根本需求，值得长期推广与创新。

（二）3S 技术在森林监测中的具体应用及要点

1.3S 技术在森林资源动态监测中的应用

针对传统森林资源监测体系，多以人工监测手段完成对于森林资源的系统监控，不仅监测效率较低，也容易出现因工作人员玩忽职守所致的数据遗漏问题。对此，借助 3S 技术，可以实现对森林资源的动态监测，提高监测精度和效率，同时可以有效地预测和预警森林资源变化的趋势和病虫害的发生，为森林资源的保护和管理提供科学依据。

一是借助 RS 技术，可以获取森林资源的动态变化信息，包括森林面积、植被覆盖、土地利用变化等，为森林资源的监测提供了数据支持。

二是借助 GPS 技术，可以对森林资源进行定位和监测，包括森林林分、树种、树高、直径等，同时可以对森林资源的生长情况和病虫害情况进行实时监测，为监测人员提供精确的数据帮助。

三是借助 GIS 技术，可以将遥感数据和其他空间数据进行集成，实现对森林资源的分析和管理，包括森林分布、生长状态、面积、密度等，以减轻监测人员开展资源统筹协调难度，最终达到森林资源最大化开发利用的目的。

2.3S 技术在森林火灾监测中的应用

通常来说，森林火灾往往具有突发性强、可控性弱、蔓延速度快等特点，导致森林火灾对于森林资源影响较大，容易阻碍林业经济协调发展。对此，借助 3S 技术可以实现森林火灾监测的全面、快速、准确和可靠。这有助于火灾监测人员及时发现火情、准确掌握火灾的范围和变化，以及提供必要的应对措施。

首先，针对日常森林管理过程，借助 RS 技术实现对于森林安全区域的科学管理，在配合健全森林管理制度的基础上，有效控制森林火灾风险，降低人为因素所致的森林火灾事故。同时，借助 GPS 技术规划森林范围，保障森林资源的安全性，方便管理人员制订科学的森林管理计划。

其次，针对已经发生的森林火灾事故，快速扑灭火灾往往尤为关键。因此，借助 GPS 技术快速定位火灾发生位置，方便救火队进入现场，在找寻火灾产生源头的基础上，遏制森林火灾的蔓延。一方面，借助 GIS 技术统计各种火灾数据，模拟火势发展方向，帮助救火队及现场森林管理人员提前做好防范，减少火灾对于森林资源的危害；另一方面，借助 RS 技术，实现对于救火情况的全方位反应，了解当前救火方案存在的不足，在保障快速救火的基础上，确保救火队的生命安全。

最后，针对已经扑灭的森林火灾，借助 GIS 技术分析和总结救火过程，掌握现有森林管理手段存在的不足，总结相关经验，在形成更加完善森林火灾防范体系的基础上，确保后续森林管理工作创新发展。

3.3S 技术在森林野生动物资源调查中的应用

森林野生动物资源是森林资源的重要组成部分，直接关系到生态的平衡及人与自然和谐发展。但在实际森林野生动物资源调查过程中，由于珍稀野生动物数量少，生存环境复杂，导致人工调查难度大。对此，可借助 3S 技术，实现对于森林野生动物资源的精细化调查，在确保调查整体性的基础上，方便调查人员采取有针对性的保护措施。

首先，借助 GPS 技术，可以为研究人员提供精准的位置信息。研究人员可以通过 GPS 设备在野外进行定位，并实时更新野生动物信息。同时，GPS 技术还可以用来实现野生动物的追踪和监测，对于野生动物的行为和生态习性等方面的研究具有重要的作用。

其次，借助 RS 技术，通过卫星和航空遥感技术，可以实时监测森林野生动物的栖息地和迁徙路线等情况。遥感技术可以提供高分辨率图像，对野生动物分布范围进行高效率的监测和掌握动物种群分布的情况。

最后，借助 GIS 技术，可以将野生动物栖息地和分布信息与空间数据结合起来，快速构建出野生动物种群分布图和野生动物迁徙路线等信息。同时，GIS 技术也可以将其他相关数据（如气象数据、地形数据等）与野生动物分布图进行整合，提供更全面的野生动物监测和研究信息。

4. 3S 技术在森林病虫害监测中的应用

在森林病虫害监测中，3S 技术可以用于对病虫害的时空分布和变化进行监测和预测，有助于提高森林病虫害防控的效率和准确性，对于保护森林资源和生态环境具有重要意义。

5. 3S 技术在森林湿地保护中的应用

3S 技术在森林湿地保护中的应用可以提高湿地资源的管理和保护效率，为湿地保护和恢复提供科学的技术保障。同时，3S 技术也可以帮助管理者全面了解湿地生态环境和资源的特征和演变，可以有效地评估湿地生态环境和资源的现状和变化，为湿地保护提供科学的决策支持、提高湿地资源管理和保护的可持续性。

6. 3S 技术在森林沙漠化防治中的应用

围绕土地沙漠化问题，其在森林资源中的表现主要为森林的大面积缩减，可以借助 3S 技术帮助管理者全面了解森林沙漠化的分布、演变、生态系统等特征，为沙漠化防治提供决策支持和技术保障，进而最大化发挥对于森林资源的保护作用。

第五章　林业病虫害防治

第一节　林业病虫害的种类和危害

一、林业病虫害的种类

林业病虫害是指森林生态系统中由病原体和有害昆虫引起的疾病和害虫。森林病虫害的种类繁多，主要包括以下几类。

（一）森林病害

森林病害是指森林中由真菌、细菌、病毒和其他病原体引起的森林病害，其对森林生态系统的健康和稳定性产生了负面影响。森林病害的种类繁多，根据病原体不同，可以分为真菌性病害、细菌性病害、病毒性病害、线虫性病害等。下面将详细介绍森林病害的分类及其特点。

1. 真菌性病害

真菌性病害是森林病害中最常见的一种，其主要由真菌引起。真菌是一种生物体，具有细胞壁和细胞膜，能够在自然界中广泛分布。真菌性病害通常通过真菌孢子或菌丝传播，其危害范围较广，对森林生态系统的破坏性较大。常见的真菌性病害包括树根腐病、木材腐朽病、叶枯病、枝干溃疡病等。

2. 细菌性病害

细菌性病害是由细菌引起的森林病害，与真菌性病害相比，细菌性病害的危害性较低。细菌性病害常常通过伤口、切口等途径侵入植物体内，造成病害。细菌性病害的特点是发病速度较快，病程短暂，但其对森林生态系统的危害也是不可小视的。常见的细菌性病害包括树干溃疡病、树木瘤病、橙皮梗病等。

3. 病毒性病害

病毒性病害是由病毒引起的森林病害，其特点是病害范围较小，但危害性较大。病毒性病害通常通过昆虫或真菌的传播，也可以通过伤口或其他途径进入植物体内，对森林生态系统造成较大的危害。

萎蔫病：主要感染松、柏、杉等针叶树种，症状包括枝条萎蔫、叶片变黄和落叶等。

黄化病：主要感染松、冷杉、云杉等针叶树种，症状包括叶片黄化和叶尖枯死等。

纹枯病：主要感染松、云杉、杉木等针叶树种，症状包括树皮出现纵向裂缝和白色树脂渗出，导致树干枯死。

茎腐病：主要感染阔叶树种，如橡树、枫树等，症状包括树干和根部的腐烂。

叶斑病：主要感染阔叶树种，如枫树、橡树等，症状为叶片出现斑点和枯死。

病毒性病害的防治方法包括加强森林卫生管理、控制传播媒介和消灭病源等。同时，提高森林植物的抗病能力也是预防和控制病害的重要措施。

4. 线虫性病害

线虫性病害是由线虫引起的森林病害，也称线虫病。线虫是一类微小的线状寄生虫，它们侵入植物体内，引起细胞和组织的病变，导致植物生长迟缓、变形、萎蔫甚至死亡。线虫性病害对森林生态系统的危害较大，因为线虫可以通过根系和土壤传播，迅速在森林中传播和扩散。

常见的线虫性病害包括以下几种。

（1）松材线虫病

松材线虫是一种寄生于松树内皮下的线虫，通过松树的树液和松材甲虫的传播扩散。松材线虫病会引起松树的内部组织坏死、松树树皮开裂、树干变形等现象，严重影响松树的生长和发展。

（2）松根结线虫病

松根结线虫是一种寄生在松树根系中的线虫，会引起松树根系结节、根系生长受阻、松树叶片变黄等现象。松根结线虫病常常导致松树死亡，对松林生态系统造成严重影响。

（3）杨树疫病

杨树疫病是由杨树线虫引起的病害，会引起杨树的叶片发黄、叶片脱落、枝干枯死等现象。杨树疫病对于造林和园林绿化具有较大的影响。

（二）森林害虫

森林害虫是指在森林生态系统中危害森林生长、发育、繁殖的昆虫种群。它们会危害森林的健康，引起森林质量下降和生态环境恶化。森林害虫的种类繁多，常见的有松毛虫、松材线虫、云杉毛虫、梧桐天牛等。

1. 松毛虫

松毛虫是指一类以松树为食的毛虫。它们主要出现在松林地区，成虫是一种淡棕色的飞蛾，翅膀上有深色斑点。松毛虫的危害主要表现为吞食松针和松树皮，导致松树死亡和松林凋萎。松毛虫的防治措施包括定期清除枯萎松树，控制林间草木生长，定期喷洒杀虫剂等。

2. 松材线虫

松材线虫是一种寄生于松树内部的线虫，它们主要出现在北方松林地区。松材线虫会进入松树内部，危害松树的木材，繁殖速度非常快，可以在短时间内导致大量松树死亡。松材线虫的防治措施包括定期清理枯死松树，控制松树树势，定期喷洒杀虫剂等。

3. 云杉毛虫

云杉毛虫是指一类以云杉为食的毛虫。它们主要分布在北方云杉林区。云杉毛虫的危害主要表现为吞食云杉针叶和枝条，导致云杉死亡和云杉林退化。云杉毛虫的防治措施包括人工收集毛虫，定期喷洒杀虫剂等。

4. 梧桐天牛

梧桐天牛是一种食性比较广泛的害虫，它们主要出现在南方城市的梧桐树上。梧桐天牛的危害主要体现在以下几个方面。

（1）破坏树干和树皮

梧桐天牛会在梧桐树上产卵，孵化后的幼虫会在树皮下钻洞，破坏树干和树皮，严重时会导致树木死亡。

（2）影响梧桐树的生长

梧桐天牛的幼虫在树皮下啃食树干，会影响梧桐树的正常生长和发育。

（3）传播疾病

梧桐天牛可以通过攻击树木和钻洞传播疾病，例如引起树木的腐烂和枯死，影响梧桐树的健康。

（三）林业有害植物

林业有害植物是指对森林生态系统产生不利影响的植物，包括外来入侵植物和本地的有害植物两种类型。这些植物具有很强的竞争力和适应性，在适宜的生态环境下，它们可以大量繁殖，形成种群，危害森林生态系统的健康和稳定性。以下是一些常见的林业有害植物。

1. 紫茉莉（拉丁名：*Mimosa pigra*）

紫茉莉原产于中南美洲和加勒比海地区，后被引入到东南亚等地。它是种灌木或小乔木，生长快，种子繁殖能力强，抗逆性强，可以适应各种土壤和气候条件。紫茉莉的危害包括竞争土壤养分和水分、影响水生生态系统、妨碍航运和水利工程建设等。

2. 狼尾草（拉丁名：*Pennisetum alopecuroides*）

狼尾草原产于非洲和南亚地区，现已广泛分布于全球温带地区。它是一种多年生禾本植物，能够快速繁殖，耐旱耐寒，生长迅速，会占领其他植物的生长空间。狼尾草的危害包括破坏植物多样性、干扰生态系统平衡、影响水土保持等。

3. 阔叶黄杨（拉丁名：*Ailanthus altissima*）

阔叶黄杨原产于中国，现已广泛分布于全球各地。它是一种快速生长的乔木，具有较强的抗逆性和适应性，可以在各种气候和土壤条件下生长繁殖。阔叶黄杨的危害包括竞争其他植物的生长空间、影响森林生态系统的平衡、破坏景观美观等。

4. 独角金盘（拉丁名：*Xanthium spinosum*）

独角金盘原产于北美地区，后被引入到全球各地。它是一种杂草，种子具有很强的适应性和耐旱能力，可以在极端的环境条件下生长繁殖。独角金盘的危害主要体现在以下几个方面。

（1）危害农作物

独角金盘在生长期间会竞争水分、养分和空间资源，严重影响周围农作物的生长发育。它的种子还能够沉积在土壤中并保持多年，破坏农田生态环境，降低农作物的产量和质量。

（2）对生态系统的破坏

独角金盘生长速度快，繁殖能力强，很容易形成大片的种群。在野外，它会占据土地，破坏生态系统平衡。在河岸、湖泊、水库等地区，它会对水体环境产生负面影响，导致水质恶化。

（3）危害人体健康

独角金盘的种子和花粉对人体健康有一定的危害。接触它们会引起皮肤瘙痒、过敏性疾病和呼吸道病症等。

二、林业病虫害的危害

林业病虫害是指对森林生长发育和资源的破坏和损失，包括森林中的病害和害虫，这些病害和害虫会对森林生态系统的健康和稳定性产生负面影响。

（一）对森林生长发育的危害

森林病虫害对森林生长发育产生直接或间接的危害，会造成森林树种的减产或死亡。对于森林经济价值较高的树种，如松树、桉树、橡树等，森林病虫害的危害尤为明显，会严重影响森林资源的可持续利用。林业病虫害对森林生长发育的危害主要表现为以下几个方面。

1. 影响森林物质生产

森林病虫害可以对森林物质生产造成很大的影响。例如，一些害虫以树木为食，大量取食树叶和嫩枝，导致光合作用减弱，影响植物的养分吸收和生长发育。某些真菌会感染树木，导致树木萎黄、叶片变小，降低了树木的生长速度和物质生产能力，从而影响森林的生态系统平衡和物质生产力。

2. 破坏森林生态系统的稳定性

森林病虫害还会破坏森林生态系统的稳定性。在一个健康的森林生态系统中，各种生物之间相互制约，形成一种复杂的生态平衡。但是，当一种病原体或害虫入侵时，它们可能会破坏这种平衡，导致其他物种数量减少，生态系统失去稳定性，甚至可能引起物种灭绝。

3. 影响森林的景观价值

森林病虫害还会对森林的景观价值造成影响。一些病虫害在对树木造成破坏的同时，还会对森林的整体景观造成影响。例如，一些害虫大量取食树叶和嫩枝，导致树冠稀疏、叶片凋萎，影响了森林的美观度和景观价值。

4. 影响森林生态功能的实现

森林病虫害还会影响森林生态功能的实现。例如，一些病原体或害虫在破坏森林生态系统平衡的同时，还会影响森林的生态功能，如水源涵养、土壤保持等。这些生态功能的实现需要一个健康的森林生态系统作为基础，而森林病虫害会导致这些功能的丧失，对人类和生态环境造成不良影响。

（二）对森林生态系统的危害

森林病虫害会破坏森林生态系统的平衡和稳定性，对生态系统的物质循环和能量流动产生影响，严重的病虫害还会造成森林火灾和土壤侵蚀等问题，加剧了环境恶化。林业病虫害是对森林生态系统的重要威胁之一，其危害表现在多个方面。

1. 损害森林植物的生长发育和生产力

林业病虫害直接侵害森林植物，使其生长发育受到影响，降低了森林生产力。害虫的蚀食会破坏树皮、根、茎、叶等植物器官，导致植物营养不良、生长缓慢、死亡或减产。同时，病害也会使得植物的免疫力下降，从而更容易受到其他病虫害的侵害。

2. 破坏森林生态系统的平衡和稳定性

林业病虫害的侵害会破坏森林生态系统的平衡和稳定性。一些害虫的大量繁殖和蔓延，会导致森林植被种类和结构的改变，影响森林生态系统的物质循环和能量流动，甚至破坏生态系统的稳定性和完整性。例如，松材线虫病可以造成大面积的树木死亡，破坏森林景观和生态系统功能。

3. 影响森林生态系统的生态功能

林业病虫害对森林生态系统的生态功能造成影响。森林是生态系统中重要的氧气和二氧化碳交换场所，而病虫害的侵害会导致森林减少吸收二氧化碳和释放氧气的能力，影响生态系统的气候调节功能。同时，病虫害还会破坏森林的水源涵养功能，导致水土流失、水质下降等环境问题。

4. 威胁生物多样性和生态安全

林业病虫害的侵害也会对生物多样性和生态安全造成威胁。病虫害的侵害会破坏森林生态系统的多样性和生态平衡，从而导致物种灭绝和生态环境恶化。例如，松树天牛病会导致松树大量死亡，破坏森林的生态平衡，导致生态系统的紊乱，从而影响其他植物和动物的生存繁衍，最终威胁生物多样性和生态安全。

病虫害还会破坏森林的景观和生态美，对森林旅游和生态旅游业产生负面影响。病虫害导致森林死亡、景观变差，将使得森林生态系统失去吸引力，难以吸引更多的游客参观，从而影响森林旅游和生态旅游的发展。

除此之外，病虫害还会对森林的生态功能造成损害。森林作为自然生态系统的一部分，不仅提供生物多样性，还具有水土保持、水源涵养、气候调节等重要生态功能。病虫害的侵害会破坏森林的生态功能，导致生态系统失衡，进而影响水源涵养、土壤保持等重要生态功能的实现。

因此，森林病虫害对生物多样性和生态安全的威胁不容忽视。必须采取有效的措施进行预防和治理，保障森林生态系统的稳定性和完整性，维护生态安全。

（三）对生态安全的危害

森林病虫害会对生态安全产生威胁，特别是一些外来入侵物种，如松材线虫、梧桐天牛等，对本地生态系统产生破坏性影响，对环境的负面影响也随之而来。对生态安全的危害主要表现在以下几个方面。

1. 破坏森林生态系统的稳定性和完整性

森林病虫害会破坏森林生态系统的稳定性和完整性，导致森林的生态平衡被打破，生态系统的结构和功能发生改变，甚至出现退化。例如，松材线虫病会导致松林大面积死亡，严重破坏森林生态系统的完整性和稳定性。

2. 影响生态系统的物质循环

森林病虫害也会影响生态系统的物质循环，病虫害侵害后，森林植物的生长发育受到限制，导致生物量减少，养分循环和能量流动受到影响。例如，树木叶片和树干上的昆虫会大量消耗植物养分和水分，影响植物养分循环。

3. 破坏生态系统的生态平衡和生态功能

森林病虫害的侵害还会破坏生态系统的生态平衡和生态功能，对生态系统的生产力和生态服务功能产生不利影响。例如，松树天牛病会导致松树大量死亡，破坏了松林的生态服务功能，如水土保持、水源涵养、防风固沙等。

4. 威胁生物多样性和生态安全

森林病虫害的侵害也会对生物多样性和生态安全造成威胁。病虫害的侵害会破坏森林生态系统的多样性和生态平衡，从而导致物种灭绝和生态环境恶化。例如，白腹松材线虫病会导致大面积松林死亡，破坏森林的生态功能和生物多样性。

（四）对人类健康的危害

森林病虫害会直接或间接的影响人类的健康。一些森林病虫害会影响森林中的野生动物，对人类的健康和安全构成威胁；另外，一些病虫害会影响森林中的气候和环境质量，直接影响人类的健康。以下是林业病虫害对人类健康的危害的详细点。

1. 病原体传播

一些森林病害和害虫可能是病原体的携带者，它们可以通过咬伤、叮咬、排泄物等方式传播疾病，对人类健康造成危害。例如，蜱虫可以传播莱姆病，某些壳斑虫可以传播松鼠病毒等。

2. 空气污染

一些森林病害和害虫的活动也可能导致空气污染，对人类健康造成危害。例如，松材线虫侵袭松树时，会释放出大量的松香和树脂，这些物质会导致空气污染，引起人类呼吸系统疾病。

3. 食品污染

一些森林害虫也可能对人类食品造成污染。例如，果实蛀虫和果蝇等害虫可能在水果和蔬菜上产卵和孵化，导致食品受到污染，引起人类食品中毒。

4. 毒性危害

一些森林病害和害虫产生的毒素可能对人类健康造成危害。例如，毒蕈菇是一种有毒的真菌，如果误食会导致中毒甚至死亡。

5. 心理健康危害

林业病虫害的暴发会导致森林生态系统的破坏和景观变化，从而对人类的心理健康造成危害。例如，病毒性树木疾病的暴发可能导致整个森林死亡和景观改变，这会对人类的心理健康造成不利影响。

因此，保护森林生态系统和防治林业病虫害不仅是维护自然生态平衡的需要，也是保障人类健康的需要。

三、林业病虫害发生的原因

（一）病虫害本身不易根除

从目前所掌握的情况来看，林业病虫害的解决和应对过程中，必须对自身的原因有一个正确的认知，继续按照老旧的思路和方法来应对，不仅无法得到预期效果，还会在具体工作的开展上，陷入较大的困境。调查过程中，发现一些常见的病虫害问题可能是由于生态系统受到干扰，如过度的开发和砍伐森林、气候变化、土地退化等因素导致的。当生态系统失去平衡时，它会给害虫和病菌提供生长和繁殖的机会，从而导致它们在森林中迅速传播和感染。为了更好地应对林业病虫害，我们需要加强对森林生态系统的保护和管理。

第一，林业病虫害的出现通常是一个长期积累的结果。它们往往是由于多种因素的复杂相互作用而产生的，包括森林生态系统的健康状况、病虫害的种类和数量、气候和环境变化等因素。在此种情况下，林业病虫害的内容并没有办法按照预期设想来调整，大部分工作的开展完全是按照简单的镇压模式来完成，虽然能够在短期内取得不错的成绩，但是对于长期发展而言，还是存在很多挑战的。

第二，病虫害的根源治理过程中，没有对各方面的动态因素，做出良好的分析、调查，在手头拥有的资料信息上，表现出单一的特点，针对这样的情况，容易造成林业病虫害不断加重的现象。

（二）防治工作重视程度较低

相对而言，林业病虫害的解决过程中，之所以没有取得理想的成绩，还有很大一部分原因在于，一些针对性的措施可能能够在短期内控制病虫害的发生和传播，但却难以解决根本问题。这主要是因为病虫害的形成和发展涉及多个因素，仅仅靠单一的控制手段往往难以取得理想的成效。结合以往的工作经验和当下的工作标准，认为防治工作重视程度较低，主要是表现在以下几个方面：

第一，林业病虫害的防治初期阶段，针对自身的方案设计，并没有通过针对性、专业性的措施来完成，很多内容的安排，都是继续按照固定的思路来执行，整体上具备的说服力并不高，而且在很多工作的综合处置方面，难以取得突出的成就，相关内容的调整，也没有得到理想的成绩，最终构成的各类隐患，有可能表现为集中爆发的现象。

第二，防治工作的重视程度较低，还表现为新技术、新理念的引入不足，自身的各项防治措施，完全是按照极端模式来运用，这种现象的发生，导致林业病虫害的综合优化，遭遇到了很大的阻碍。

第二节　林业病虫害监测和防治技术

一、无公害防治病虫害的重要意义

（一）有利于环保

无公害防治病虫害遵循环保理念，在进行林业病虫害查杀时，注重对环境和生态系统的保护。利用生物技术、物理措施等防治病虫害，摒弃盲目喷洒农药的传统方式，注重统筹发展，将先进的科学技术与健康、环保、绿色的防治理念充分融合，采取生物措施或物理手段防治病虫害，从根本上减少农药的使用，从而减少对生态环境的污染。

（二）有利于科学治林

通过宣传和学习，让林区群众对护林有新的认识，转变林业病虫害防治思维，从农药杀虫剂的喷洒转变为利用物理方法、生物方法等防治。随着科技的进步，林业病虫害的治理也需要利用相关科技成果，利用遥感监控对森林资源进行数据监测，将森林资源以及病虫害侵蚀数据收集并在终端显示，经过综合评估分析后精确掌握病虫害的发生面积和动向，将监测数据传输至决策部门。同时，对群众进行适当的规范化、专业化的培训，使其在发现病虫害侵蚀的树木时能利用科学手段进行病虫害防治。

（三）有利于林业可持续发展

无公害防治病虫害就是从环保角度出发，在最低程度破坏甚至不破坏自然环境的前提条件下，对林业出现的病虫害通过生物防治和物理防治等手段进行防治。要从根本上解决林业病虫害就必须提升森林自身的病虫害防御力。一些病虫害是通过退耕还林的树木种植开始扩散的，因此要从树木种植的植株质量开始监测，将病株、弱株等销毁。生物防治的根本目的是巩固自然界的生物平衡，物种的多样性能使森林重新恢复自我调节能力。

二、林业病虫害监测预报

（一）完善林业病虫害监测预报机制

坚持以预防为主、设立一定监测标准、建立有效的林业信息资源共享机制、形成完备的病虫害监测系统和将采集的信息入库保存等措施是防治林业病虫害的基本措施。同时实施病虫害发生周期、气候条件的全面监控，抓好林木检疫环节，从源头上避免林木病虫害的扩散。

（二）应用全球定位系统监测林业病虫害

在林业发展中，病虫害防治工作一直是重点内容。在林业病虫害防治工作中，管理人员需要掌握病虫害发生状况、监测状况、防治情况、病虫害分布以及面积统计等数据信息，并对这些信息进行系统分析，了解林业病虫害的实际情况。这些数据信息不但包含空间数据，也有属性数据，管理人员通过对这些数据信息进行科学的分析，可以提高病虫害防治的精准性和效率。采用 GPS 可以更好地获取病虫害信息，科学地监测病虫害发生情况，更有利于林业病虫害的有效治理。

1. 林业病虫害调查监测中 GPS 的应用价值

野外调查是了解林业病虫害情况的主要途径。传统的野外调查工作通常是通过地图进行空间定位，并将调查结果通过纸质表格的方式进行记录，然后人工汇总相关数据结果。这种调查方式不仅工作效率低，还浪费人力物力。而移动设备的应用，为野外调查作业提供了便利，满足了便捷移动计算的要求。

我国相关部门将 GPS 技术与移动设备（也称 PDA 设备）进行融合，利用设备的移动计算功能，对于空间精准定位，并构建了林业病虫害 GIS 数据记录系统，大大提升了林业病虫害调查监测的工作效率，同时也满足了林业病虫害调查监测的精准度。在野外调查作业中应用 GPS 设备，并将获取的数字化地图作为调查基础，开展精确的空间定位和导航，并通过可视化界面进行数据记录，利用台式机进行连接，将野外调查作业的结果直接输入系统中，大大缩减了每个环节的工作量，提高了林业病虫害调查监测效率。

林业病虫害调查监测过程中应用 GPS，能充分发挥出 GPS 准确以及快速地定位功能，为林业病虫害调查与监测提供更可靠、准确的资料信息。因此，合理应用 GPS，不仅可以有效降低人工劳动，还能够减少调查过程对于车辆的使用，提高工作效率，降低调查工作难度。应用 GPS 技术和 GIS 技术参与无人机航拍，能够提高航拍效率和测绘效率，无论是提取信息方面，还是生成信息方面都相对较快，降低了航拍遥感在病虫害监测环节应用成本。GPS 在林业病虫害调查监测中的应用效益良好，同时随着 GPS 技术的不断发展与完善，其在林业病虫害调查监测中将会发挥出更大的作用。此外，GPS 还会在林地面积测量、森林树种定位测量、山脉走向测量以及火警火险定位等方面发挥更大的作用。因此，在林业工作中合理应用 GPS 技术，有助于林业工作的开展，提升林业病虫害调查监测的效果和效率。

2. 林业病虫害调查监测中 GPS 的应用流程

在开展林业病虫害调查监测作业中，应用 GPS 系统，能够完成整个病虫害调查过程。从工作性质上区分，系统应用可分为内业和外业两部分。外业系统主要是采用嵌入式 GIS 技术，这种技术是结合 GPS 设备来实现的，在 GPS 技术与数字地图的结合应用，可以精准获取林业病虫害信息，包括病虫害的发生情况、位置信息以及防治措施，并准确地录入系统，为林业病虫害调查监测工作提供数据源。而内业系统是结合 PC 平台为基础，为外业系统准备相关调查数据和辅助表格，具体包括系统格栅、矢量格式底图、防治踏查数据和表格数据。同时，也能借助 GPS 的移动端，对于数据进行采集，并对外业采集的数据进行监测与督查，确保数据的合理性，汇总合格数据，制作成报表。

（1）数据准备工作

当前阶段的林业病虫害调查监测工作中，在开展林业病虫害调查监测前，应全面做好准备工作。

准备好调查区域的航空照片或地形图，掌握林业的区域分布图，并准备好各类数据表格和辅助调查工具。

在开展调查作业前，调查人员还需要在记录系统的帮助下，对基础数据和参数上传到 GPS 移动设备上，便于以后的调查操作，在完成基本数据的设置后，GPS 设备具有记忆功能，以后的每次调查作业不需要重复设置。首次设置的基本数据和参数包括林业病虫害调查监测的基本信息、林业区域的病虫害历史范围、病虫害最迟防治时段、病虫害防治措施、单元号的组成、林业病虫害指数以及调查工作人员。

在准备工作中，还需要合理选择地图的矢量与栅格，辅助调查人员进行精准的定位工作，合理的标注出林业病虫害的区域，便于后续更好地进行治理工作。在后续使用时，只需要将当次调查人员的信息填写其中即可，如果和第一次调查人员的信息一致，则无须重新设置。

（2）外业数据采集工作

在开展林业病虫害调查工作中，外业数据采集工作至关重要，其是内业数据处理工作的基础，只有确保外业数据采集的准确性和有效性，才能为后续的调查和监控工作提供支持。传统的林业病虫害外业数据采集工作通常是采用人工的方式进行数据采集，并且通过纸质进行数据记录，外业调查人员一般采用地形图和罗盘等设备进行区域定位，然后对林业病虫害开展调查，将调查结果登记在表格上。在传统的纸质调查方式中，可以通过计算机设备自动生成一些信息，包括地区名词等，但是大部分数据仍然需要手动填写，经常出现错记和漏记的现象。通过记录系统的引入，有效地提高了外业数据采集的信息化水平，使得外业数据采集工作更加简单便捷，记录系统为林业病虫害调查和数据采集提供了多种录入方式，极大地降低了外业数据采集的工作量，并且结合 GPS 技术与电子地图设备的应用，更加精准地定位区域位置，准确地找出病虫害信息。

（3）内业数据处理工作

对于林业病虫害调查监测作业来说，在完成外业数据采集工作以后，还需要对采集回来的数据进行内业处理，并综合数据的汇总，全面掌握林业区域病虫害的整体情况。目前，我国林业部门的在开展内业数据处理工作时，仍采用传统的手动和半自动方式进行汇总和统计，结合我国林业相关部门的数据标准进行计算，这种方式仍然比较落后，虽然能够呈现出林业调查区域的病虫害防治情况，但耗费了大量的人力物力，并且在人工计算中经常出现重复数据，很容易造成计算错误。

GPS系统的引入，在内业数据处理工作中可以采用GPS技术可记录调查路线，并对外业调查结果展开监测，用户只需点击鼠标，就能获取外业的调查数据、记录数据等，并自动将与国家库相符的防治数据汇总出来，不但方便快捷，而且数据汇总精准度更高。除此之外，经过汇总的数据信息还能生成报表，并导入国家库中，能够和各级林业单位、国家林业和草原局等展开数据通信。

3. 应用GPS进行林业病虫害调查监测的注意事项

应用GPS的过程中，还需注意如下5个方面。

①在使用之前需要对相关仪器设备进行全面的检测，如果显示值并非出厂值，则需要重新调整为出厂值，然后才能继续使用。

②不能在高压电线及变压器附近使用GPS设备，同时也要确保其远离障碍物，否则会影响到卫星信号的接收，往往会造成较大的误差。

③防止数据丢失。导致数据丢失的原因较多，在实际的应用过程中可以通过编辑航点的方式来重新获取数据。

④在利用GPS喷洒药物的过程中，需要确保不漏播和不重复播撒。

⑤在林业病虫害调查监测过程中，还应加强对病虫害常发区域的定位监测。

（三）遥感技术在林业病虫害监测中的应用

遥感技术在森林病虫害监测研究中的应用越来越广泛，其主要优势包括非接触式监测、高时空分辨率、数据获取快速、成本低廉等。

1. 病虫害发生监测

通过遥感技术获取的森林信息数据，可以分析病虫害发生的时间、范围、程度和分布情况等。如利用遥感技术获取的卫星图像和空间数据，结合多光谱和高光谱数据分析技术，可以提取植被指数、地表温度、植被类型和植被覆盖度等信息，进而判断森林病虫害的发生和危害程度。

2. 病虫害损失评估

通过遥感技术获取的森林信息数据，可以评估森林病虫害对森林资源的影响和损失情况。利用遥感技术获取的空间数据，可以快速、准确地估算病虫害对森林生态系统的影响范围和程度，进而进行损失评估和经济效益分析，为决策提供参考。

3. 病虫害监测与预警

通过遥感技术获取的森林信息数据，可以实现对森林病虫害的实时监测和预警。利用遥感技术获取的空间数据，可以对森林病虫害的分布情况进行分析和预测，进而实现对病虫害的及时监测和预警，提高防治效果和经济效益。

4. 病虫害防治决策支持

通过遥感技术获取的森林信息数据，可以提供病虫害防治决策所需的空间信息。利用遥感技术获取的空间数据，可以分析森林病虫害的分布、危害程度和影响因素等，为防治方案制定和资源配置提供科学依据。

总之，遥感技术在森林病虫害监测和防治中具有广泛应用前景和深远影响，可以提高病虫害防治效率和精度，为森林资源的保护和可持续利用提供科学保障。

第六章　湿地保护与恢复

第一节　湿地的定义和分类

一、湿地的定义

湿地是一种生态系统，其特征是土壤或周围环境的水分高于或接近地表。湿地被誉为地球上最重要的生态系统之一，具有丰富的生物多样性、生态功能和生态服务。国际公约《湿地公约》定义湿地为："涵盖沼泽、河口、湖泊、泥滩、河岸、草地、草原、红树林、稻田和人工湿地等的区域，无论其大小、水深和水质如何，也包括沿海和内陆湿地。"

从定义来看，湿地主要包括自然湿地和人工湿地两种。自然湿地包括沼泽、河口、湖泊、泥滩、河岸、草地、草原、红树林等，是由自然条件形成的湿地生态系统。而人工湿地是由人工建设或改造的湿地生态系统，如稻田、城市水体等。

湿地是地球上一种特殊的生态系统，具有独特的生物多样性和重要的生态功能。它们广泛分布在全球各地，包括河流、湖泊、沼泽、泥炭地、海湾、滨海湿地和人工湿地等各种类型。湿地的特征是由其独特的水文、土壤和植被特征所决定的。以下是湿地的特征的详细解释。

（一）水文特征

湿地的最显著特征是它们的水文特征，即湿度和水文动态。湿地是由于水文条件形成的，其水文动态与水位高度和水量的变化密切相关。水位高度的变化将影响湿地内的水文循环、地下水流动和生物生态系统的生命周期。湿地的水文特征决定了湿地中植被和动物的生存和繁殖状况。

（二）土壤特征

湿地的土壤通常是由水泥合成物和有机质构成的。湿地土壤的水分和氧气含量是湿地内生态系统的关键生态因素之一，它们直接影响湿地生态系统的生产力和稳定性。湿地的土壤也是许多稀有濒危植物和动物的生存环境，这些物种通常具有对湿度和土壤类型的特殊适应能力。

（三）植被特征

湿地植被通常是由水生和湿生植物构成的。湿地植被对维持湿地的水文和土壤特征起着重要作用。湿地植被能够吸收水分、稳定土壤、过滤水质、减少泥沙冲击等。湿地植被对于维持生态系统健康和恢复生态系统具有至关重要的作用。湿地植被还能够为野生动物提供栖息地、食物和遮蔽物。

（四）生物多样性

湿地生态系统是生物多样性最为丰富的生态系统之一。它们提供了许多稀有濒危物种的栖息地和食物资源，包括许多鸟类、哺乳动物、两栖动物、爬行动物和昆虫。湿地对许多水生和陆生物种的繁殖和迁移都至关重要。湿地内有大量水生生物，如鱼类、藻类、浮游生物等，它们作为生态系统的基础，为许多陆生物种提供食物和栖息环境。此外，湿地还是大量候鸟和水鸟的迁徙路线，是它们进行觅食和繁殖的场所。湿地的保护和管理对于维护生物多样性和生态平衡至关重要。

二、湿地的分类

湿地按照其形成机制、水文特征、生态系统功能等不同方面进行分类，常见的分类方法包括以下几种。

（一）形成机制分类

1. 沉积型湿地

沉积型湿地是一种以沉积物为主要形成物质的湿地，一般形成在河口、海湾、河流洪泛区等水流缓慢、水深较浅的区域。沉积型湿地具有以下特点。

（1）地貌特征

沉积型湿地一般形成于河口、河流洪泛区等地势低洼的区域，水深相对较浅。由于水流速度慢，流动的水带来的悬浮物质、泥沙等会儿沉积在湿地的底部和周围，逐渐形成一个以沉积物质为主要形成物质的湿地。

（2）植被特征

沉积型湿地上生长着适应水环境的植物，如芦苇、香蒲、蒲公英等。这些植物的根系可以牢固地固定住沉积物质，防止水流的冲刷和侵蚀，同时还能够过滤水中的污染物质和营养物质，维护水体的健康。

（3）生态功能

沉积型湿地具有多种生态功能，例如可以净化水体，促进水循环，防止洪水和干旱等自然灾害的发生，同时还可以为众多水生和陆生生物提供生境和食物资源，是生态系统中不可或缺的一部分。

沉积型湿地根据不同的形成物质和生态环境，可以进一步分为三类：泥沙质湿地、有机质湿地和礁岩湿地。

2. 地形型湿地

地形型湿地是指由于地形或构造因素而形成的湿地，通常是山地、丘陵、盆地等地区，常常因地势低洼或地质构造异常而形成湿地。地形型湿地包括山地湿地、高山湿地、峡谷湿地、岛屿湿地等。这些湿地不仅具有保护生物多样性的功能，还具有水源涵养、水土保持、防洪抗旱等重要的生态服务功能。

3. 地下水型湿地

地下水型湿地是指以地下水为主要水源的湿地，通常处于低洼地带或地下水位高的地方，地下水处于自然渗透或泉水渗出的状态，形成一定规模的湿地。地下水型湿地包括湿地泉、湿地草甸、湿地沼泽等。这些湿地一般具有较高的湿度和稳定的水位，是许多水生动植物和候鸟的栖息地和迁徙站。地下水型湿地也能够保持一定量的地下水储备，为当地的农业、工业、城市供水提供了重要的补给来源。同时，地下水型湿地也能够起到水质净化和水文调节的作用，对于地下水资源的保护和管理具有重要意义。

（二）水文特征分类

1. 泉眼湿地

泉眼湿地是一种地下水型湿地，由地下水直接涌出形成。它通常位于山区，地下水来自山脉的深层地下水或冰川融水，水温较低，水质清澈，含有丰富的氧气和矿物质。泉眼湿地地水源稳定，因此可以成为一些珍稀物种的栖息地。

泉眼湿地通常分布在高山、丘陵、盆地等地形，常常是岩石裂隙或含水层上方的泉眼。根据水温和水质的不同，泉眼湿地又可以分为冷泉湿地、温泉湿地和咸泉湿地三种类型。不同类型的泉眼湿地对不同的物种具有不同的适宜程度，对于生态系统的保护和管理非常重要。

2. 沼泽湿地

沼泽湿地是指一种典型的湿地类型，常常被定义为水深在1米以下、底部由淤泥和腐殖质构成、植被以沼生植物为主的湿地。沼泽湿地通常形成在水源充足、排水不畅或排水困难的低洼地区，如河流平原、冲积扇、湖泊和海滨沼泽等地。

（1）水深浅

沼泽湿地中的水位深度一般不超过1米，有些甚至只有几厘米，因此水分是其主要的生存条件之一。

（2）植被茂密

沼泽湿地地面常年湿润，氧气不足，导致不同于其他生态系统的特殊植被类型，常常生长着芦苇、香蒲、黄菖蒲、荻草等高大而茂密的沼生植物。

（3）土质松软

由于长期积累的有机物质，沼泽湿地的土壤层非常松软，容易被穿孔和破坏。

（4）富含有机物质

沼泽湿地是一个典型的有机物质累积区，其中含有丰富的腐殖质和有机物质，使其成为生态系统中的一个重要的碳库。

（5）生物多样性高

沼泽湿地是一个生物多样性丰富的生态系统，常常是许多珍稀濒危物种的栖息地，如天鹅、鸳鸯、鹤、白鹭、乌龟等。同时，沼泽湿地也是一些重要的渔业和水产养殖区。

（6）对环境的影响

沼泽湿地对环境的影响主要是在水分平衡和水质调节方面，它们能够减少洪水的威胁，调节气候，保持水源并净化水质。此外，沼泽湿地还能够防止土壤侵蚀，并且是气候变化下的重要碳储备库。

（7）重要的生态服务功能

沼泽湿地提供了多种生态服务功能，如水资源的储存和调节、洪水的缓解、土壤保持、水质净化、渔业资源等，对于维持地球生态平衡和人类福利都具备重要的作用。

3. 河流湿地

河流湿地是指由河流水流形成并且常年或大部分时间被水覆盖的湿地。河流湿地在全球范围内占据着重要的地位，是水生生物、水资源、生态系统服务等方面的重要组成部分。河流湿地可以分为河流沼泽湿地、河流人工湿地等类型。

河流沼泽湿地是指河流两岸的平原区域，由于水体的滞留和植物残体的堆积而形成的湿地。河流沼泽湿地不仅是生物多样性的重要栖息地，同时还具有水质净化、气候调节等生态系统服务功能。

河流人工湿地是指通过人工手段建立的湿地，以模拟自然湿地的生态系统功能，同时为当地居民提供生态系统服务。河流人工湿地可以修建人工湿地堤防、构建植物滞留池、人工湿地等方式实现。它不仅可以起到净化水质、保护水源、防洪调水等生态系统服务功能，同时还可以为当地居民提供观赏、休闲、垂钓等多种社会服务功能。

4. 湖泊湿地

湖泊湿地是指湖泊及其周边湿地生态系统的总称。它是由湖泊、沼泽、河流、洼地等湿地类型组成的一个复合型湿地生态系统，是湖泊水体和湿地生态系统之间的过渡带，具有独特的生态系统功能和生态环境效益。

湖泊湿地的特征包括水体、湿地植被、湿地土壤、湿地生态环境等方面。其中，水体是湖泊湿地的主要组成部分，它对于维持湿地生态系统的稳定性和功能具有重要作用。湖泊湿地的水体通常具有一定的水文和水质特征，如水位、水深、水温、水流速度、水质等，这些特征影响着湿地植被的分布和生长，也影响着湿地生态系统的运作和生态环境效益。

湖泊湿地的植被主要由水生植物、湿生植物和陆生植物组成，其中水生植物是湿地生态系统的重要组成部分，可以通过光合作用吸收大量的二氧化碳，并释放出氧气，对于改善湿地生态环境和生态效益具有重要作用。

湖泊湿地的土壤主要由水泥土、泥土和沙质土组成，它们对湿地生态系统的水分调节、养分循环和生物生长发育具有重要作用。湖泊湿地的土壤通常富含有机质和微生物，可以促进湿地植物的生长和繁殖，并形成稳定的湿地生态系统。

湖泊湿地的生态环境通常具有一定的特殊性，如水体营养状况、气候条件、土壤特性等，这些因素对湿地生态系统的运作和生态效益产生影响。湖泊湿地的生态环境中通常还存在着大量的生物资源，如鱼类、水生动物和湿地鸟类等，对于保护湿地生态环境和生态效益也具有重要作用。

（三）生态系统功能分类

1. 泥炭湿地

泥炭湿地是一种特殊类型的湿地，其土壤主要由未分解植物残体组成的泥炭层构成。泥炭湿地主要分布在寒冷地区、高山地区和沿海地区，包括沼泽、泥炭沼泽、泥炭原和泥炭林等类型。

泥炭湿地具有以下特征：第一，土壤主要由泥炭层构成，泥炭层一般较深，有时可达数米甚至十数米；第二，水分充足，常年有水，水质清澈；第三，植被种类繁多，包括许多特有种和濒危物种；第四，泥炭湿地具有很高的生态系统服务价值，包括碳储存、生物多样性维护、水源涵养、气候调节等。

泥炭湿地对全球碳循环和气候变化具有重要影响。泥炭湿地是全球最大的碳汇之一，其存储的有机碳总量约占全球土壤有机碳总量的30%以上。然而，由于人类活动的干扰和开发，泥炭湿地的生态系统服务功能遭到了破坏和削弱，同时也释放了大量的温室气体，成为全球气候变化的重要因素之一。因此，保护和恢复泥炭湿地生态系统的完整性和功能对于全球气候变化的缓解和生态环境的保护至关重要。

2. 盐碱湿地

盐碱湿地是一种生长在高盐碱土壤上的湿地，包括盐田、碱地和咸水湖等。这种湿地通常在干旱和半干旱地区出现，由于水分循环不畅和排水困难，导致土壤中盐碱积累，使得土壤的盐碱度逐渐增加。

盐碱湿地的特点包括以下几个方面：第一，土壤盐碱度高。盐碱湿地的土壤通常含有高浓度的盐分和碱性物质，对于大部分植物生长不利；第二，水分环境苛刻。盐碱湿地通常缺乏水分，而且排水不畅，导致水分环境非常苛刻，只有一些特定的植物和动物能够适应；第三，植被类型单一。由于土壤盐碱度高，只有少数耐盐碱的植物能够在盐碱湿地中生长，因此植被类型相对单一；第四，生态系统脆弱。由于盐碱湿地的特殊环境和条件，生态系统比较脆弱，容易受到人类活动的影响，比如过度放牧、过度开发等。

盐碱湿地对环境和生态系统的影响也比较明显。它们可以缓解干旱地区的水资源短缺问题，提供渔业资源和农业生产，但过度开发和使用也容易导致环境退化和生态系统崩溃，从而影响地区的可持续发展。

3. 人工湿地

人工湿地是指人工建造或修复的湿地，其主要目的是改善环境、增加生态系统服务功能或实现可持续发展。人工湿地可以分为湿地修复和湿地创造两种类型。

湿地修复是指将已经遭受破坏或受到污染的湿地进行修复，以恢复其原有的生态系统功能。湿地修复可以通过人工营造湿地、清除污染物质、恢复湿地植被等方式实现。

湿地创造是指通过人工建造湿地来创造新的湿地生态系统，以增加生态系统服务功能。湿地创造可以通过挖掘水池、引入水源、植被建设等方式实现。常见的人工湿地包括人工湿地处理系统、城市湿地、人工湿地保护区等。

人工湿地的应用可以在城市环境中起到一定的净化水质、防洪抗旱等作用，同时可以提供观赏价值和生态系统服务功能，是一种重要的可持续发展方式。

第二节 湿地保护的重要性和必要性

一、湿地生态系统的重要性

湿地是陆地生态系统和水生生态系统之间的过渡生态系统，具有独特的生态学特征和生态功能，包括生物多样性、水文功能、土壤功能、气候调节功能、文化和历史功能等。湿地生态系统仅覆盖全球陆地面积的 6%，却能够为地球上超过 20% 的物种提供生存条件。这是因为湿地生态系统拥有独特的生态功能，能够提供物种繁衍、栖息和生长的环境。除此之外，湿地生态系统的净化能力极强，能够很好地净化过滤工业生产垃圾和自然界动植物产生的垃圾，故此湿地生态系统又被称作是“地球之肾”。

然而，湿地生态系统却面临着严重的破坏和退化，人类活动是导致湿地破坏和退化的主要因素之一。近年来，社会经济发展速度的加快，导致众多的工业化生产废料污染或占用了湿地资源，对自然生态平衡造成了极其恶劣的影响，众多珍稀物种因此濒临灭绝。要想进一步地发展经济，就必须引起人们对生态环境的重视、保护湿地生态系统、维护人与自然的和谐，才能使社会经济实现持续稳定的发展。新时期，人们应当重视对湿地生态系统的保护工作，研究如何以科学的生态恢复技术应用于湿地保护中，促进自然与经济的和谐稳定发展。

二、湿地保护的必要性

湿地保护的必要性主要体现在以下几个方面。

（一）生态系统服务功能

湿地是维持全球生态系统稳定和可持续发展的重要组成部分，具有多种生态系统服务功能，包括水资源调节、碳汇、生物多样性维护、气候调节、水质净化、生产型和文化价值等。湿地的保护和恢复是保护地球生态系统、维护人类福祉的重要任务。

（二）水资源保护

湿地是水资源的储备库和调节器，能够储存并释放水分、净化水质、调节水文循环、维持生态系统的健康和稳定。湿地可以通过蓄水、延缓径流等方式调节水流，减轻洪水灾害和干旱灾害的影响。湿地还可以通过生态系统服务来提高水质，过滤污染物和营养物质，减少水污染。因此，湿地保护是水资源保护的重要组成部分。

在全球范围内，人类对水资源的需求越来越大，尤其是城市化和工业化的加速，对水资源的需求更是日益增长。这种需求与人类活动导致的水资源破坏和污染导致水资源的供需矛盾日益加剧。湿地是自然界中水资源的重要来源，湿地的消失和破坏会导致水资源的短缺和质量恶化。因此，湿地保护不仅有助于维护湿地生态系统，也有助于维护水资源的可持续利用和保护。

（三）防止自然灾害

湿地可以缓解洪水、地震、风暴等自然灾害的影响，保护人类生命和财产安全。湿地的缓冲、吸收和调节能力是其防灾减灾功能的重要体现。以下是湿地防止自然灾害的一些例子。

1. 洪水防治

湿地可以吸收和存储大量的水，从而减缓河流水位的上升速度，减少洪水发生的可能性和程度。湿地还可以缓冲洪峰的流量，减少洪水对下游地区的影响。

2. 干旱防治

湿地的水源可以供应周边地区的水资源，特别是在干旱地区。湿地也可以在干旱时期作为蓄水池，以供农业、工业和城市用水。

3. 风暴防治

沿海湿地可以减少风暴对海岸的冲击力，保护海岸线的稳定性。湿地也可以减少风暴对内陆地区的影响，因为它们可以减少风的速度和能量。

4. 海啸防治

沿海湿地可以减少海啸对海岸的影响，因为它们可以减缓海水的流动速度和能量，从而保护海岸线和沿海社区。

（四）文化遗产保护

湿地作为一个与人类活动密切相关的生态系统，在文化遗产保护方面也具有重要的意义。许多湿地地区都是人类活动的重要场所，拥有丰富的人类历史和文化遗产，如湿地上的古建筑、遗址、传统文化等。湿地也是许多民族传统生活方式和生计的重要载体，对于维护当地民族文化的传承和发展具有重要的作用。因此，湿地保护不仅是生态保护的问题，也是文化遗产保护的重要内容之一。

（五）经济发展和社会福利

湿地具有许多经济价值和社会福利，如渔业、农业、旅游业、能源开发等。湿地保护可以促进可持续经济发展和社会福利的提高，促进社会进步和可持续发展。湿地对经济发展和社会福利的作用可以从多个方面来考虑。

1. 生态旅游和文化旅游

湿地的生态美景和文化价值，吸引了大量的游客，为当地的旅游业发展带来了很大的经济效益。例如，中国的西双版纳和三江平原等地的湿地生态旅游业已经成为当地重要的支柱产业。

2. 渔业和养殖业

湿地是许多水生生物的栖息地和繁殖地，也是渔业和养殖业的重要基地。例如，美国的休斯敦湾和路易斯安那州的三角洲地区，是全美最重要的海鲜产区之一。

3. 水资源保护和调节

湿地具有水源涵养、水质净化和水位调节等功能，对于维护地下水和地表水的水量和质量有着重要的作用。例如，中国的太湖和鄱阳湖等湿地，是当地重要的水资源调节和保护区域。

4. 碳汇和气候调节

湿地是重要的碳汇和气候调节器，具有吸收二氧化碳和减缓气候变化的功能。例如，北极地区的泥炭湿地是全球最大的碳汇之一。

5. 生物资源和药用资源

湿地是各种水生植物和动物的重要栖息地，也是一些药用植物和动物的重要产地。例如，中国的西藏和云南地区的湿地，是著名的中药材产区。

综上所述，湿地不仅具有生态保护和环境维护的作用，还对经济发展和社会福利产生着积极的影响。因此，湿地的保护和合理利用是非常重要的。

第三节　湿地恢复和重建的技术和实践

一、湿地保护措施

（一）科学构建湿地保护区

湿地保护区的科学构建是确保湿地生态系统得到充分保护和管理的重要手段。以下是科学构建湿地保护区的详细点。

1. 划定湿地保护区范围

应在充分了解湿地类型、生态功能、生态系统服务和受威胁程度的基础上，制定合理的保护区划分方案。需要根据湿地的类型、特征和受威胁程度来确定保护区的范围和级别，以达到保护和管理湿地生态系统的目的。

2. 建立湿地生态系统监测体系

对湿地生态系统进行全面监测和评估，以监测和评估湿地的生态状况和服务功能。监测指标包括湿地植被、水质、土壤、鸟类、昆虫、两栖爬行动物等多方面，通过长期的监测数据分析，评估湿地生态系统健康状况，为湿地保护区的管理提供科学依据。

3. 制订湿地保护区管理计划

制订科学合理的湿地保护区管理计划，明确保护区的管理目标、保护措施和管理机制等，建立保护区监督和管理体系，强化湿地保护区的管理与监督，确保湿地生态系统的长期稳定性和可持续发展。

4. 实施湿地保护和修复措施

通过实施湿地保护和修复措施，保护和恢复湿地生态系统。对于已受到破坏的湿地，需要采取相应的修复措施，如水土保持、防风固沙、植树造林、湿地植被恢复等，以恢复湿地生态系统的功能和服务。

5. 推动湿地科普和公众参与

加强湿地科普和宣传教育，提高公众对湿地的认识和重视程度。通过加强公众参与和湿地生态文化建设，促进湿地保护意识的提高，推动社会对湿地生态保护的重视和支持，建立起湿地保护的全社会合力。

6. 加强国际合作

湿地生态系统跨境性和国际性问题较为突出，需要通过国际合作加强湿地保护。建立国际湿地保护联盟、签订国际公约、开展联合研究和交流合作等，可以更有效地保护全球湿地资源，维护地球生态环境的稳定和可持续性。同时，国际的技术交流和经验分享，也有助于提高湿地保护技术和管理水平，为湿地保护事业的推进提供更加坚实的基础。

（二）合理应用湿地生态恢复技术

合理应用湿地生态恢复技术是湿地保护和管理的重要措施之一。湿地恢复技术主要包括生态工程、物理方法和化学方法等。通过科学合理地应用这些技术，可以有效地恢复和改善湿地生态环境。

1. 生态工程

生态工程是指利用生物学、生态学等学科的理论和方法，通过人工手段来修复和重建湿地的生态系统。生态工程主要包括湿地植被恢复、湿地土壤改良、湿地水文调节等措施。

湿地植被恢复是利用湿地适宜的植被种植，恢复湿地生态系统的一种方法。可以通过筛选适宜的湿地植物，进行引种或移植，从而提高湿地的植被覆盖率和生物多样性。

湿地土壤改良是通过改善湿地土壤结构和物理化学性质，提高湿地土壤的肥力和水分保持能力。可以采取人工添加有机物质、化学肥料、生物菌剂等方式，促进湿地土壤的肥力和生物活性。

湿地水文调节是指通过调节湿地的水位和水流，维持湿地的水量和水质的平衡。可以采取水文工程的方法，如修建堤坝、建设水闸等措施，从而调节湿地的水量和水质。

2. 物理方法

物理方法是湿地生态修复的一种重要手段，主要是通过机械手段对湿地进行改造和调整，以达到生态修复的目的。常见的物理方法包括以下几种。

（1）地形整治

地形整治是通过机械手段对湿地进行平整、填埋、挖掘等调整，以改变湿地地形，保持湿地水文平衡，改善湿地生态环境。地形整治的方式多种多样，包括挖沟、填沟、铺路、修建堤坝等。

（2）植被控制

植被控制是通过机械手段清除或削弱湿地中的有害植物，促进湿地中的天然植被生长。常见的植被控制方法包括翻耕、除草、砍伐、灌溉等。

（3）土壤改良

土壤改良是通过机械手段对湿地土壤进行改良和调整，以改善土壤质量和湿地生态环境。土壤改良的方式包括施肥、施用有机肥料、石灰等。

（4）水体调控

水体调控是通过机械手段对湿地水体进行调节和控制，以保持湿地水文平衡和生态稳定。常见的水体调控方法包括清淤、加固河岸、修建渠道等。

（5）建设人工湿地

人工湿地是利用人工手段模拟湿地生态系统的构成和功能，以达到生态修复的目的。人工湿地的建设需要考虑生态功能和人类利用的需求，通常包括湿地水体的调节和净化，保护湿地生态系统和野生动植物栖息地。

（三）完善相关法律条文

目前，依然存在人为破坏湿地的行为，表明关于湿地保护方面的相关法律条文仍需进一步完善，尤其是处罚条规不明确、轻重程度难判断、判罚结果模糊等。湿地保护法作为保障湿地生态系统的有效途径之一，必须要立足于实际持续进行完善。为避免不法分子利用湿地保护法的漏洞寻找可乘之机，对湿地资源肆意破坏或侵占，需要对相关法律条文进行进一步的完善，特别是在处罚方面，应该更加明确规定湿地破坏者的处罚标准，以及相应的处罚结果，加大对湿地破坏者的处罚力度，从而达到更好的湿地保护效果。不给不法分子留有一丝机会，才能使湿地系统得到有效的保护，从而维持湿地生态系统的平衡。

（四）加大宣传与执法力度

加大宣传与执法力度是湿地保护的重要措施之一。宣传可以提高公众对湿地保护的认识和意识，促进社会的参与和支持，执法则是保障湿地保护措施得以有效执行的关键。

针对湿地保护的宣传工作可以从以下几个方面展开。

①宣传湿地的重要性：通过宣传湿地的重要性，让公众了解湿地对生态系统的重要贡献，提高公众对湿地保护的认识和意识。

②宣传湿地保护政策：宣传政府对湿地保护的政策法规，让公众了解湿地保护的必要性和重要性，促进社会的参与和支持。

③宣传湿地保护实践：宣传湿地保护的实践案例和成果，让公众了解湿地保护的成果和效益，提高公众对湿地保护的信心和支持。

④提高公众参与意识：通过宣传，提高公众对湿地保护的参与意识，鼓励公众积极参与湿地保护行动，共同推动湿地保护事业的发展。

执法是湿地保护措施得以有效执行的保障。湿地保护执法工作应从以下几个方面加强。

①制定严格的执法标准：根据相关法律法规和政策规定，制定湿地保护的执法标准和程序，确保执法的严格性和规范性。

②加强执法力量建设：增加湿地保护执法人员的数量和质量，提高执法人员的专业素养和业务水平，确保执法工作的有效开展。

③完善执法机制：建立完善的湿地保护执法机制，包括执法监督和责任追究机制等，确保执法工作的规范性和有效性。

④加强执法宣传：通过宣传，提高公众对湿地保护执法工作的认识和理解，增强公众的法律意识，促进社会的支持和配合。

二、湿地生态恢复技术

（一）生物技术

湿地生态恢复的生物技术是一种绿色的生态恢复方法，主要包括植物修复、微生物修复和生物多样性恢复三种。

1. 植物修复

植物修复是指通过引种和栽培合适的湿地植物，利用植物的生理生态作用，修复湿地生态系统。植物修复主要包括植物种植、植物覆盖、植物研究等，常用的湿地植物有芦苇、香蒲、菖蒲、水生葫芦、黄花菜、水葱等。

2. 微生物修复

微生物修复是指利用微生物的代谢能力，通过添加或修复微生物菌株，促进湿地污染物的降解和去除，提高湿地水质和生态环境的质量。微生物修复技术主要包括微生物菌剂添加、微生物种群调控、微生物基因修复等，常用的微生物菌株有硫酸还原菌、硝化细菌、蓝藻等。

3. 生物多样性恢复

生物多样性恢复是指通过加强湿地保护、采用生态修复技术等手段，增强湿地生态系统的稳定性和多样性，促进湿地生态系统的恢复和发展。生物多样性恢复主要包括保护湿地生态系统、恢复生物多样性、建立生物多样性监测等，常用的恢复手段包括退耕还湿、湿地生态恢复、湿地生物多样性调查与监测等。

综上所述，湿地生态恢复的生物技术是一种有效的生态修复方法，可以促进湿地生态系统的恢复和发展，保护生物多样性和提高水资源质量，对于保护湿地生态系统和可持续发展具有重要意义。

（二）土壤与水质改良

湿地生态系统中，土壤和水质是两个非常重要的要素。在生态系统的恢复和保护过程中，土壤和水质的改良也是非常重要的一环。以下是土壤与水质改良的一些详细内容。

1. 土壤改良

湿地土壤具有高含水量和富含有机质等特点，它们是湿地生态系统的基础和关键要素。在湿地生态系统恢复和保护过程中，土壤改良是非常重要的一步。

（1）湿地植被恢复

湿地植被可以增加土壤有机质含量，提高土壤质地，促进土壤微生物的生长繁殖，从而改善土壤结构和质量。

（2）有机物质的施加

有机物质的施加可以增加土壤有机质含量，提高土壤保水性和肥力。

（3）生物肥料的施用

生物肥料的施用可以增加土壤微生物的数量和活性，促进土壤养分循环和有机物质分解，改善土壤环境和质量。

（4）微生物修复技术

微生物修复技术是一种新兴的土壤改良技术，它可以通过添加特定的微生物来改善土壤环境和质量，提高土壤肥力和水分利用效率。

2. 水质改良

湿地生态系统对水质具有非常重要的作用，它们可以对水质进行自然净化和过滤，从而保证水资源的可持续利用。在湿地生态系统的恢复和保护过程中，水质改良是非常重要的一环。

（1）人工湿地建设

人工湿地是一种利用湿地植被和微生物对水质进行净化和过滤的技术，可以有效地改善水质，提高水资源的利用效率。

（2）生态工程修复

生态工程修复是一种利用生物和物理手段对水体进行净化和过滤的技术，可以有效地改善水质和生态环境。

（3）生物修复技术

生物修复技术是一种利用特定的微生物和植物对水质进行净化和过滤的技术，可以有效地降解水中的污染物，提高水质。例如，悬浮菌和附着菌可以吸附和降解水中的有机物和氮、磷等养分，而某些水生植物如芦苇、香蒲等则能够吸收和净化水中的污染物质。通过生物修复技术，不仅可以净化水体，还能促进湿地生态系统的恢复和发展，提高生态系统的稳定性和生态功能。

（4）湿地生态工程技术

湿地生态工程技术是指利用工程手段建立、重建、修复湿地生态系统，提高湿地生态系统的功能和服务。例如，可以通过湿地的生态修复和重建来降低洪水灾害的风险，提高水质和生态环境，增加生物多样性和生态景观的价值等。湿地生态工程技术的实施需要综合考虑生态、经济和社会等因素，采取可行的技术措施，确保工程的效果和可持续性。

（三）人为重构湿地生态环境

人为重构湿地生态环境是指通过人工干预手段改变湿地生态环境的结构和功能，以达到生态恢复和保护的目的。常见的人为重构湿地生态环境的方法包括以下几个方面。

1. 湿地修复与重建

湿地修复与重建是指通过清理污染物、增加湿地面积、恢复湿地生态系统等手段使受损湿地得以恢复和重建。这种方法需要综合考虑湿地的生态特性和功能，采取适当的技术措施，如采用适宜的植被进行修复和种植等。

2. 水资源调控

通过控制湿地周边区域的水源供给和排放，调整湿地水位和水流速度，来达到维持湿地水文环境稳定的目的。这种方法可以有效地控制湿地水质，提高湿地的生态环境品质，维持湿地的生态系统功能。

3. 人工建设湿地

在城市化和工业化的背景下，人工建设湿地是一种有效的手段。人工建设湿地包括建设人工湿地和改造废弃湖泊等。这种方法可以有效地恢复和维持湿地的生态系统功能，提高湿地生态环境的品质。

4. 绿化工程

湿地绿化工程是一种在湿地生态系统中增加绿化的方法，通过增加湿地绿化面积和植物栽培等手段来增强湿地的生态功能，达到改善湿地环境、提高生态品质的目的。

5. 土地整理与管理

湿地地保护需要对湿地周边土地进行整理和管理，以减少污染物的排放和保持湿地的水源供给。土地整理与管理的主要手段包括土地利用规划、土地收储和土地改造等。

综上所述，人为重构湿地生态环境是湿地生态保护和恢复的一种有效手段，需要采取多种技术手段和综合措施，以达到恢复湿地生态环境、提高湿地生态品质的目的。

第七章　野生动物保护与管理

第一节　野生动物的保护和重要性

野生动物是指生活在自然环境中，没有人类干预或驯养的动物，是自然界中不可或缺的组成部分。野生动物不仅是地球上的生态财富，也是维护生态平衡、保护生态环境和维持人类社会可持续发展的重要组成部分。然而，随着人类活动的不断扩张和发展，野生动物面临着严重的生存危机，野生动物保护问题也日益凸显。

一、野生动物的重要性

（一）维护生态平衡

野生动物在生态系统中扮演着不可或缺的角色，它们是生态系统中食物链的重要组成部分。例如，某些肉食性野生动物会控制其他生物种群的数量，防止过度捕食。植食性野生动物则会控制植被生长的数量，防止过度繁殖和生长。这些调节作用可以维持生态系统的平衡和稳定，对人类社会和自然环境的可持续发展具有重要意义。

首先，野生动物作为食物链中的消费者，控制着其他生物种群的数量，保持了生态系统中各种生物之间的平衡。例如，猛禽捕食小型哺乳动物和鸟类，这些猛禽又会被更大型的食肉动物所捕食，从而保持了食物链的平衡。如果某种野生动物数量过多或过少，都会对其他生物种群和整个生态系统造成负面影响。

其次，野生动物还扮演着种子传播者的角色。一些野生动物，如鸟类和啮齿动物，会吃下植物的果实或种子，并将它们传播到其他地方。这有助于植物在不同地方分布和繁殖，同时也促进了植物物种的多样性和分布范围。

此外，野生动物还有利于维护生态系统的稳定性和抗干扰素力。野生动物的活动和生存需要一定的生境和资源，它们在自然界中占有一定的地位，对环境的改变和干扰都有一定的反应能力。一旦环境发生改变，野生动物会适应并调整自身的生存策略，从而保持了生态系统的稳定性和抗干扰素力。

综上所述，野生动物在维持生态平衡、促进植物多样性、维护生态系统稳定性等方面发挥着重要的功能，对于生态系统的健康和可持续发展至关重要。

（二）保持生物多样性

野生动物对维持生物多样性有着重要的作用，它们是生态系统的重要组成部分，直接或间接地参与了许多生态过程。保护野生动物可以防止生物多样性的破坏和损失，促进生态平衡的维持，对于维护人类福祉和可持续发展具有重要意义。以下将详细介绍野生动物对生物多样性的维护作用。

1. 维持食物链和食物网平衡

野生动物在生态系统中的食物链和食物网中扮演着重要的角色，它们通过捕食或被捕食的关系，维持着生态系统的平衡。一些野生动物如食草动物、食肉动物、食腐动物等，通过不同的食性，在食物链和食物网中构成了相互依存的关系。野生动物的消失或减少会导致食物链和食物网中某一级别的物种数量发生变化，进而引发一系列连锁反应，破坏生态平衡，影响生物多样性的稳定性。

2. 传播花粉和种子

野生动物通过许多途径传播花粉和种子，促进了植物的繁殖和生长。例如，鸟类在进食时会吞下带有花粉的植物果实，随着消化道的运动，花粉会从它们的身体中释放出来，落在其他植物的花粉上，从而完成花粉传播的过程。类似的，一些野生动物如啮齿动物、爬行动物等也会通过摄食植物的果实或种子，将它们带到其他地方，促进植物的分布和繁殖。

3. 控制害虫和病原体

一些野生动物如鸟类、蝙蝠、昆虫等，可以帮助控制害虫和病原体的数量，维持生态系统的平衡和稳定。例如，蝙蝠是夜间飞行的哺乳动物，它们以昆虫为食，对控制害虫和病虫有着重要的作用。鸟类也是控制害虫和病原体的重要天敌，它们以昆虫和小型动物为食，对农作业、森林和城市园林中的害虫有着重要的控制作用。

此外，野生动物也可以传播有益的微生物和种子，促进植物生长和繁殖，帮助生态系统恢复和重建。例如，一些鸟类和蝴蝶会将植物的花粉和种子传播到不同的地方，有助于植物的繁殖和扩散。

同时，野生动物也是重要的自然资源，提供了食物、药材、皮毛、观赏价值等多种资源，对于人类的生产和生活具有重要的经济价值。

总的来说，野生动物对于维持生态系统的平衡和稳定、保持生物多样性、控制害虫和病原体、促进植物生长和繁殖以及提供经济价值等方面都有着重要的作用，是人类赖以生存的重要资源。因此，保护野生动物和它们的栖息地，维护生态系统的平衡和稳定，是我们必须要重视和关注的问题。

（三）生态旅游资源

野生动物是生态旅游的重要资源，其美妙的自然景观和丰富多彩的生物多样性吸引了众多旅游者。野生动物旅游可以促进当地经济发展，同时也可以带动社会保护野生动物和其生境的意识。

1. 野生动物吸引游客，带动经济发展

野生动物作为自然景观的一部分，其美丽和奇妙的形态吸引了众多游客。野生动物旅游不仅可以带动旅游业的发展，也可以促进相关产业的发展，如住宿、交通、餐饮、纪念品等。在一些经济欠发达地区，野生动物旅游也成了当地人民增加收入的一种途径。同时，野生动物旅游的发展也为当地人民提供了就业机会，缓解了部分贫困地区的就业压力。

2. 促进生态保护

野生动物旅游的发展需要保护野生动物及其生境，因此它在一定程度上促进了生态保护。为了满足旅游需求，很多地区开始重视野生动物的保护，通过建立自然保护区、野生动物保护区和生态旅游区等方式，加强对野生动物和其生境的保护和管理。这些举措不仅为游客提供了安全和舒适的旅游环境，也保护了野生动物的栖息地和生存空间，维护了生态系统的平衡和稳定。

3. 增加公众认识和保护意识

野生动物旅游是一种与自然亲近的旅游方式，可以让游客深入了解野生动物的生态习性、生存状态和保护意义。通过旅游活动，游客可以更好地了解野生动物和其生境的现状和困境，提高对野生动物及其生境的保护意识。野生动物旅游还可以帮助公众更好地理解人类与自然环境之间的相互作用关系，增强公众对环境保护的责任感和行动力。

4. 促进文化交流和友好关系

野生动物旅游还可以促进不同地区和国家之间的文化交流和友好关系。当游客从不同文化和社会背景的地区来到野生动物栖息地时，他们有机会体验不同文化的传统和价值观，并与当地人建立联系和互动。这不仅可以促进跨文化理解和交流，还可以促进旅游业的可持续发展，增加当地居民的收入和就业机会。

野生动物旅游还可以促进国际的友好关系。在许多国家之间，野生动物保护已成为一个共同的议题。国际组织和政府机构可以通过野生动物旅游的方式合作，共同推动野生动物保护的全球化进程。此外，野生动物旅游也可以促进各国之间的合作和交流，减少国家之间的冲突和分歧，为世界和平做出贡献。

（四）科学研究价值

野生动物的科学研究价值是非常高的，它涉及生物学、生态学、环境科学、医学等多个学科领域，对于人类的发展和生存都具有重要意义。以下是一些野生动物科学研究价值的具体内容。

1. 生态学价值

野生动物是自然界的重要组成部分，它们与其他生物之间相互作用，构成了复杂的生态系统。通过研究野生动物的生态习性、食性、栖息地选择、生殖生态等方面的特征，可以更好地理解生态系统的构成和运作机制，进一步推动生态系统的保护和恢复。

2. 环境科学价值

野生动物是生物多样性的代表，对环境的反应和适应能力也很强，因此它们在环境科学研究中也具有重要的价值。例如，研究野生动物对环境变化的响应和适应机制，可以为环境监测和评估提供科学依据，也有助于开发环境保护技术和方法。

3. 医学价值

野生动物的许多物种具有独特的生理和代谢特征，因此它们在医学研究中也具有重要的价值。例如，一些野生动物能够产生一些具有生物活性的物质，如蛇毒、青蛙皮肤分泌物等，这些物质可以被用于制造药物和疫苗，用于治疗疾病。

4. 文化历史价值

野生动物在人类文化和历史中也扮演着重要的角色，它们不仅是人类生活的一部分，也是文化和信仰的重要载体。

总之，野生动物的科学研究价值非常丰富，它们不仅对生物学、生态学、环境科学等学科领域具有重要意义，也对人类的发展和生存产生着积极的影响。因此，保护和研究野生动物是非常必要和重要的。

二、野生动物保护现状及对生态环境的影响

基于现实情况来看，随着社会的进步以及经济的提升，现如今生态环境保护工作受到的注重程度也愈来愈高，而野生动物作为生态的关键构成部分之一，也应该得到更好的保护。但是，由于受到各种内部或者是外部要素的干扰，在实际开展野生动物保护期间，仍旧浮现出了一些问题，如果这些问题没有办法得到有效的应对，那么就必然会对生态环境形成不利的影响。

（一）动物疾病的复杂化

野生动物一旦染上疾病得不到及时的诊治，那么将会加大死亡的概率，所以动物疾病防控也自然成为野生动物保护的关键内容。但是，随着经济的提升，生态环境也受到了一定的影响，各种工业、生活产生的垃圾都含有一定的毒害物质，继而分解成为神经毒性物质，通过传播链条，使得野生动物的疾病也呈现出复杂化的特性。例如三苯基锡能够致使动物的器官受损，从而出现病变问题，严重甚而致使动物死亡。

（二）失去遗传的多样性

对于野生动物来说，由于受到各种外部因素的干扰，其遗传的多样性也在慢慢消失。详细来说，由于人类导致的环境变换，很多野生动物的生存范围受到了极大的压缩，以前的一些长距离迁徙行为也变得愈来愈少，在这样的形势之下，大多数野生动物只能够完成近亲的繁衍，不但遗失遗传的多样性，同时还有可能致使下一代野生动物出现退步的状况，所以在对野生动物实行保护期间，这也是需要着重考量的内容。

（三）野生动物数量减少

尽管我们国家对于野生动物的保护已经非常地注重，并且也采取了各种不尽相同的手段来提升保护的力度，但是站在现实的视角来看，野生动物的数量还是在持续的减少。一方面是由于环境的影响，野生动物的死亡率显著提升，并且繁衍率也大大降低，另一方面是因为目前很多不法分子大量的盗猎，继而对野生动物予以食用或者售卖，也同样致使野生动物的数量在减少。虽然对于盗猎行为，相关部门已经制定出了十分严谨的法律规程，并且也在加大打击的力度，但是由于很多野生动物的生存地都比较分散，这也在无形中加大了保护的困难程度。

（四）野生动物栖息地减少

现如今，将要灭绝的野生动物变得愈来愈多，致使这种状况的很大一部要素，就是栖息地的大量减少，由于人为要素的影响，很多的栖息地都受到了一定的破坏，致使野生动物没有能够生存的环境，虽然在相关部门在不断加强对于这方面的管控，但是由于在部分地区的宣导力度不足，致使普通民众并没有这种意识，依旧不经意间在破坏野生动物的栖息地，所以这也是亟须应对的现状问题之一。

第二节　野生动物的分类和分布

野生动物是按照其生物学特征、形态结构、生态习性、遗传特征、亲缘关系等方面的相似性，划分为不同的类群进行分类。

一、野生动物的分类

野生动物是指自然环境中自由生活的各种动物，包括哺乳动物、鸟类、爬行动物、两栖动物和无脊椎动物等。它们在生态系统中扮演着重要的角色，维护着生态平衡和稳定。野生动物的分类是指将野生动物按照一定的分类规则和分类标准进行分类。下面我们将对野生动物的分类进行详细的介绍。

（一）按照脊椎动物和无脊椎动物分类

野生动物可以按照是否具有脊椎来进行分类。具有脊椎的动物被称为脊椎动物，包括哺乳动物、鸟类、爬行动物和两栖动物等。而没有脊椎的动物被称为无脊椎动物，包括节肢动物、软体动物、棘皮动物、扁形动物、刺胞动物和海绵动物等。

1. 脊椎动物

脊椎动物是指具有脊椎骨和脊髓的动物，包括鱼类、两栖动物、爬行动物、鸟类和哺乳动物等。它们的脊椎骨可以起到支撑、保护和运动等重要作用，而脊髓则是中枢神经系统的重要组成部分。

（1）鱼类

鱼类是指水生脊椎动物，其身体一般呈流线型，适合在水中游动。鱼类种类繁多，包括淡水鱼和海水鱼等。它们在水生态系统中起着重要的生态角色，是食物链中的重要组成部分。

（2）两栖动物

两栖动物是指生活在水陆交替的环境中的脊椎动物，包括青蛙、蝾螈、娃娃鱼等。它们的生命周期通常包括一个水生和一个陆生阶段，生态功能丰富，对于生态系统的平衡和稳定具有重要的作用。

（3）爬行动物

爬行动物是指身体被鳞片覆盖、爬行方式为四肢爬行的脊椎动物，包括蜥蜴、蛇、龟、鳄鱼等。它们广泛分布于陆地和水生态系统中，具有重要的生态和经济价值。

（4）鸟类

鸟类是指具有翅膀、前肢变成了翼而能飞行的脊椎动物，包括鹰、雁、鸽子、鸡等。它们广泛分布于陆地、海洋和淡水生态系统中，起着重要的食物链和生态平衡调节作用。

（5）哺乳动物

哺乳动物是指能够分泌乳汁喂养幼崽的脊椎动物，包括大象、狮子、老虎、鲸鱼等。它们分布广泛，数量众多，对于生态系统的稳定和人类的生存都有着重要的意义。

2. 无脊椎动物

无脊椎动物是指没有脊柱的动物，它们的身体结构和功能各异。无脊椎动物种类繁多，生活在各种环境中，从海洋到陆地，从淡水到盐湖等各种生境。以下是无脊椎动物的分类和分布的详细介绍。

（1）海绵动物

海绵动物是一类最简单的多细胞动物，没有组织和器官。它们生活在海洋中，通常生活在岩石和珊瑚礁的表面，以过滤海水中的微生物为食。海绵动物分布广泛，包括深海和浅海水域，种类繁多，有海绵、蓝细菌海绵等。

（2）刺胞动物

刺胞动物包括水母、珊瑚、海葵等，它们的身体表面有刺胞，可以用来捕捉食物和防御。刺胞动物生活在海洋和淡水中，有的生活在珊瑚礁上，有地漂浮在水中，有地附着在岩石上。刺胞动物分布广泛，种类繁多。

（3）软体动物

软体动物是一类没有外骨骼的动物，身体柔软，主要由软体组织构成。软体动物包括蜗牛、蛤蜊、章鱼等，生活在海洋、淡水和陆地等各种生境。软体动物分布广泛，种类繁多，有的是重要的食用动物。

（4）节肢动物

节肢动物是一类身体被硬壳覆盖的动物，身体分节，有足和触须等附属肢。节肢动物包括昆虫、蜘蛛、螃蟹等，生活在陆地和水中。节肢动物种类繁多，对生态系统的平衡和人类的生产生活都有重要影响。

（5）腔肠动物

腔肠动物是一类内部有体腔和消化管的动物，包括蚯蚓、水蛭等。腔肠动物分布广泛，种类繁多，有的对土壤生态系统有重要影响。

（二）按照哺乳动物和非哺乳动物分类

按照哺乳动物和非哺乳动物分类是一种常见的分类方式。哺乳动物是指能够分泌乳汁哺育幼崽的动物，它们的体表有毛发或毛绒，是一类温血动物。非哺乳动物则是指无法分泌乳汁哺育幼崽的动物，如鱼类、鸟类、爬行动物、两栖动物和无脊椎动物等。以下是按照哺乳动物和非哺乳动物分类的一些具体信息。

1. 哺乳动物

哺乳动物是一类具有高度智力和行为复杂性的动物，它们在生态系统中起着重要的作用。哺乳动物分为多个目，如鲸目、食肉目、灵长目、啮齿目、兔形目、有蹄类动物、鼠兔亚目等。

2. 非哺乳动物

非哺乳动物包括许多种类，如鱼类、鸟类、爬行动物、两栖动物和无脊椎动物等。它们在生态系统中也有着重要的作用。例如，鱼类对维持水域生态系统的平衡和稳定有着重要的作用，而鸟类则是种子散布和花粉传播的重要载体。爬行动物、两栖动物等也在维持生态系统的平衡和稳定方面起着重要作用。

按照哺乳动物和非哺乳动物分类，有助于更好地理解不同种类动物在生态系统中的作用和功能，进而更好地保护和管理这些动物，维持生态系统的平衡和稳定。

（三）按照生活习性和生态环境分类

野生动物还可以按照它们的生活习性和生态环境来进行分类。按照生活习性和生态环境分类野生动物可以分为以下几类。

水生动物：生活在水中或水边的动物，包括鱼类、两栖动物、爬行动物、水鸟等。

草食动物：以植物为食的动物，包括大型草食动物如牛、马、羊、鹿等，还包括小型草食动物如兔子、鼠类等。

肉食动物：以其他动物为食的动物，包括大型肉食动物如老虎、狮子、豹子、熊等，还包括小型肉食动物如狐狸、猫科动物等。

飞禽：以空中为生活和活动空间的动物，包括鸟类、蝙蝠等。

地栖动物：生活在地面上的动物，包括陆生爬行动物、哺乳动物、两栖动物、昆虫等。

树栖动物：生活在树上的动物，包括大型树栖动物如猴子、松鼠等，还包括小型树栖动物如鸟类、昆虫等。

洞穴动物：生活在洞穴内或者在洞穴附近繁殖的动物，包括蝙蝠、熊等。

稀有濒危动物：濒临灭绝或数量极少的动物，需要特别保护，包括大熊猫、华南虎、金丝猴等。

（四）按照食性分类

野生动物还可以按照它们的食性来进行分类。以下是按照食性分类的一些常见的野生动物类别。

肉食动物：主要以其他动物为食，如老虎、狮子、豹子、狼、狐狸等。它们通常具有较强的捕食能力和攻击性。

食肉动物：主要以昆虫为食，如蜻蜓、蝴蝶、蜜蜂等。它们通常具有敏锐的触角和强大的咀嚼能力。

食草动物：主要以植物为食，如牛、羊、马、鹿等。它们通常具有专门的消化系统和复杂的口腔结构，以适应植物纤维素的消化和吸收。

杂食动物：既可以以植物为食，也可以以其他动物为食，如熊、猴子、猫头鹰、鸟类等。它们通常具有灵活的口腔结构和消化系统，以适应不同类型的食物来源。

腐食动物：主要以死亡的动物和植物为食，如鸟类、哺乳动物、蛇、蜥蜴等。它们通常具有特殊的消化系统和适应死亡组织分解的微生物。

海洋食物链中的动物：主要以海洋浮游生物和底栖生物为食，如鲸、海豹、鲨鱼、海星、海螺等。它们通常具有特殊的呼吸系统和体表结构，以适应海洋生态环境的要求。

按照食性分类可以更好地了解野生动物的生态需求和生态功能，为野生动物的保护和管理提供科学依据。

（五）按照区域分类

野生动物还可以按照它们所分布的地理区域来进行分类。野生动物也可以按照它们所分布的区域进行分类，主要分为以下几类。

极地动物：分布在北极和南极地区的动物，如北极熊、企鹅等。

热带动物：分布在赤道附近地区的动物，如热带雨林中的猴子、鹦鹉等。

沙漠动物：分布在沙漠地区的动物，如骆驼、蝎子等。

水生动物：生活在水中的动物，如鱼类、海豚、鲸鱼等。

陆生动物：生活在陆地上的动物，如大象、狮子、熊等。

高山动物：分布在高山地区的动物，如雪豹、藏羚羊等。

海洋动物：生活在海洋中的动物，如海龟、海豹、海鸥等。

野生动物按照区域分类，反映了它们适应不同环境的生态特点，也为野生动物的保护提供了一定的科学依据。

（六）按照系统分类

野生动物的分类可以按照它们的系统分类来进行。系统分类是指将动物按照其形态、结构、生理特征等进行分类。目前，动物的系统分类主要分为几个类群，分别是脊椎动物、无脊椎动物、原生动物、变形虫动物、软体动物、节肢动物。

1. 脊椎动物

脊椎动物是指拥有脊柱的动物，包括了哺乳动物、鸟类、爬行动物、两栖动物和鱼类等。脊椎动物是野生动物中最高级的动物，它们拥有复杂的神经系统和器官系统，具有高度的适应性和智能性。哺乳动物是脊椎动物中最为高级的动物，它们具有高度的智力和情感，对维护生态系统的平衡具有重要作用。

2. 无脊椎动物

无脊椎动物是指没有脊柱的动物，包括了昆虫、软体动物、甲壳动物和水母等。无脊椎动物数量众多，种类繁多，对生态系统的功能和稳定性发挥着重要作用。例如，昆虫是野生动物中数量最多的一类，它们对植物的传粉和授粉、分解有机物和控制害虫等方面具有重要作用。

3. 原生动物

原生动物是一类微小的单细胞有机体，主要分布在水体中。它们对生态系统的物质循环和能量流动有着重要作用，同时也是其他生物的重要食物来源。

4. 变形虫动物

变形虫动物是一类原生动物的分支，具有复杂的细胞器官和细胞内运动系统。它们主要分布在水体中，对水生生态系统的物质循环和能量流动发挥着重要作用。

5. 软体动物

软体动物是一类身体柔软的无脊椎动物，包括了蜗牛、蛞蝓、贝类等。它们在水生和陆生生态系统中都具有重要作用，例如贝类可以过滤水体中的有机和无机物质，维护水质的稳定性。

6. 节肢动物

节肢动物是一类身体被硬壳覆盖的动物，其身体呈节段状，分为头、胸和腹三个部分。节肢动物包括昆虫、蜘蛛、螃蟹等，是地球上数量最多的动物类群之一。

（1）昆虫

昆虫是节肢动物中数量最多、种类最多的类群，约有100万种，约占已知动物的80%以上。昆虫的身体分为头、胸和腹三个部分，通常有六条腿和一对或两对翅膀，可以飞行或跳跃。昆虫在自然界中发挥着非常重要的作用，如传粉、控制害虫、分解有机物质等，是生态系统中不可或缺的一部分。

（2）蜘蛛和其他蛛形纲动物

蜘蛛和其他蛛形纲动物是另一个重要的节肢动物类群，包括蜘蛛、蜱、蝎子等。它们的身体分为头、胸和腹三个部分，通常有八条腿和一对螯，以及其他特化的附属肢体，如蜘蛛的蛛丝等。这些动物在自然界中发挥着重要的控制害虫和分解有机物质等作用。

（3）甲壳动物

甲壳动物是一类具有硬壳覆盖的动物，包括螃蟹、虾、蟹等。它们的身体通常分为头、胸和腹三个部分，外部覆盖有坚硬的外骨骼。甲壳动物在自然界中扮演着控制害虫和食物链中的重要角色。

二、野生动物在森林的分布

野生动物在森林中的分布是生态系统中重要的一部分，它们在森林中有着丰富的生态角色和功能。以下是野生动物在森林中分布的一些详细信息。

（一）森林中哺乳动物的分布

森林中有许多哺乳动物，它们可以根据生活习性和食性等不同特征来分为不同类别。以下是一些常见的哺乳动物和它们在森林中的分布情况。

大型食草动物：例如鹿、马、野牛等。它们通常在森林边缘或草原地带活动，食物来源以草本植物为主。

小型食草动物：例如兔子、松鼠、地鼠等。它们一般在森林中活动，以树叶、草本植物、坚果等为食。

食肉动物：例如狼、狐狸、熊等。它们在森林中的分布范围比较广泛，以其他动物为食。

猫科动物：例如猫、豹、虎等。它们也可以在森林中找到栖息地，以其他动物为食。

（二）森林中鸟类的分布

森林中有很多种鸟类，它们可以根据栖息习性和食性等不同特征来分为不同类别。以下是一些常见的鸟类和它们在森林中的分布情况。

林鸟：例如鹌鹑、松鸡、野鸭等。它们通常在森林深处或密集的树林中找到栖息地。

食虫鸟：例如啄木鸟、山雀、知更鸟等。它们在森林中寻找昆虫和其他小型动物为食。

食籽鸟：例如鹦鹉、鹩哥、文鸟等。它们主要以植物的种子和果实为食。

（三）森林中爬行动物和两栖动物的分布

森林中的爬行动物包括蛇、蜥蜴和龟鳖等，它们广泛分布在森林的不同层次和地域。其中，蛇类是森林中最常见的爬行动物之一，它们栖息于树枝、树洞、岩石等地方，常常躲藏在树林中的树干、草丛和灌木丛中。森林中常见的蛇类有黑头蛇、竹叶青蛇、银环蛇等。

蜥蜴是另一类森林中的爬行动物，它们体型较小，通常栖息于树枝、树洞、岩石等地方。森林中常见的蜥蜴有蜥蜴、壁虎等。

森林中的两栖动物包括青蛙、蟾蜍等，它们可以生活在水中、陆地和树冠层等不同的生境中。青蛙和蟾蜍是森林中最常见的两栖动物之一，它们栖息于树洞、草丛和枯木等地方。常见的青蛙有绿色树蛙、林蛙、斑蛙等，常见的蟾蜍有蟾蜍、白喉蟾蜍、腹泻蟾蜍等。

总体来说，森林中的爬行动物和两栖动物的分布受到生态环境和生活习性的影响，不同种类的动物栖息的区域和生境也有所不同。保护和管理好森林资源，为这些生物提供合适的生存环境，是保护和维护森林生态系统的重要措施。

第三节　野生动物的保护和管理技术

一、野生动物保护和管理的手段

（一）编制野生动物台账

如想要更好地完成野生动物的保护工作，各个区域就务必做好野生动物的统计与调查工作，继而以此为根据，编制出野生动物的台账，其中要对野生动物的生活习性、环境、分布等等都做出翔实的登记，然后便可以以此为依据来采取针对性的手段完成野生动物的保护。特别是一些将要灭绝的野生动物，更应该做好调查工作，通过人为保护手段来确保物种的延续。

（二）做好野生动物监测

在很多地区之中，野生动物的生存分布地点十分广泛，为了防止在野生动物保护中出现遗漏的情况，相关部门还一定要做好野生动物的监测。例如，可以在各个野生动物的生存地修建观测站，然后以观测站为中心，向四周完成辐射，进行野生动物的监测活动，这样一来，就能够更加全面地掌控区域内所有野生动物的实际状况。如种群减少速度、个体数量等等，随后采取针对的手段完成保护。

（三）注重栖息地生态修复

栖息地的生态修复不单对于野生动物的保护有着重要的意义，同时也能够对生态环境的保护形成促进效用。为此，相关部门务必要注重对于栖息地的生态修复工作，为了能够保证修复的成效，首先应该对当地野生动物与自然环境之间的关系做出全面探究，明晰野生动物的最佳生存条件，继而再结合生物学理论，采取针对性的栖息地生态修复手段，来恢复生态环境，为野生动物创建出更为优质的生存空间。

（四）制定野生动物保护机制

严谨而又切实的野生动物保护机制，是确保野生动物保护水准的前置条件，同时亦是根基，为此，相关部门应该从野生动物的实际情况出发，结合相应的法律规程，比如《野生动物保护法》，然后再完成相关机制的制定。例如，可以创建出责任人机制，将辖区的各个野生动物生存地划分成多个片区，然后由专门的管理人员来完成保护，这样便可以显著地提升野生动物的保护品质，同时也能够防范生态环境受到破坏。

（五）加大宣导力度

野生动物与生态环境保护需要依托于政府相关部门，但是也同样需要社会民众的配合，唯有集合全部的力量，才能够保证此项工作的落到实处。所以相关部门应当要时刻地做好宣导工作，在一些野生动物生存地的周边村落，主动地开展针对性较强的宣传，让所有民众都能够明晰保护野生动物、维护生态环境的关键意义，继而愿意主动地参与到其中，避免误伤野生动物，防止栖息地受到人为的破坏，最终达到加强野生动物保护，促进生态环境平衡的目的。

（六）创建自然保护区

野生动物是大自然的产物，自然界是由许多复杂的生态系统构成的。如果有一种植物消失，那么以这种植物为食的昆虫就会消失；如果某种昆虫消失，那么以这种昆虫为食的鸟类就会饿死；鸟类的死亡又会对其他动物产生影响，这也是食物链造成的。所以大规模野生动物毁灭会引起一系列连锁反应，产生严重后果。为了能够有效遏制非法狩猎及生态平衡不被打破，就务必要创建自然保护区，并加强区域内资源保护工作。并按照相关技术规范对区域内的野生动物生存范围做出全面的调研，并合理地规划各个功能区的范围、面积，随后再完成自然保护区的建立，确保自然保护区的科学性，能够起到调节生态、保护野生动物的目的，另外，在保护区内还需要加以运用一些信息化的手段，例如无人机监控等等，进一步打击违法盗猎及破坏生态环境的行为。

（七）合理利用野生动物资源

从宏观的视角来看，野生动物也是一类资源，是生态系统的重要构成部分，在提升对于野生动物的保护，合理利用野生动物资源之后，优质生态环境的创建也会得到更好的推进。但是需要特别注重的是，在野生动物资源的使用过程中，务必要遵循适度的准则，规避野生动物违背规则而大量繁衍的状况产生，否则就会出现舍本逐末的情况，反而会对生态环境形成不利的影响。

（八）重视监测与评估工作

野生动物生活环境的监测与评估，同样是关键的一项工作，通过对栖息地做出全时段的监控，能够获取到很多重要的数据，比如降水量、温度、湿度等等，继而为栖息地的修复工作形成数据支撑，让有关部门能够有据可依。另外，监测评估期间，还能够观察野生动物的生存状态，以及生态环境的状况，一旦察觉到其中出现不正常的情况，也能够确保工作人员可以实时的予以干预，更好的保护野生动物与生态环境。

（九）加强野生动物栖息地常规巡视

相关部门还要针对栖息地做出专门的管理，通过加强巡视工作，来及时察觉野生动物的实际状况。详细来说，应该制订出最为恰当的巡视路线，然后由工作人员完成规定时段的巡视工作，同时还应该加强工作人员的培训，让他们能够了解本区域内野生动物以及生态的保护知识，提升他们的敏感度，可以随时地察觉到在栖息地的一些特殊情况，并采取针对的手段予以防控，如此一来，便能够有效地增强野生动物的保护力度，确保栖息地的生态环境不受影响。

二、野生动物的疾病防治

野生动物的疾病发生，是由多方面引起的，例如野生动物的自身条件、野生动物生存的外部环境等；野生动物较为稀缺，人们为获得高额利润对其进行滥捕乱杀，造成野生动物数量下降；野外生存的野生动物，因自然资源环境逐渐被人们开发，生存环境有限，导致野生动物食物缺乏，无法满足自身的营养需求，从而引起野生动物大量死亡和患病；自然灾害也会对野生动物造成一定的伤害，例如森林火灾会烧伤和烧死许多野生动物，洪水会淹死野生动物，火山喷发会导致野生动物灭绝等；野生动物因长期生活自由，未被驯化且野性较大，人们在进行救助时工作难度较大且困难，导致野生动物救助不及时，延误病情。

近年来，由于部分基础设施建设落后，对于患病的野生动物用药不及时，对于患病的野生动物无法短时间内诊断出所患疾病，导致延误最佳治疗时间；或者相关工作人员专业技能欠缺，无法正确使用药物，加重了野生动物的病情，也加剧了野生动物的灭绝。

（一）野生动物的疾病防治现状

1. 中草药添加剂防治野生动物疾病

化学合成类药物及抗生素的使用虽然可显著提高养殖效益，但是化学药物会引起大量病原体耐药性的产生，对环境也有一定的污染，因此，中草药预防和治疗野生动物是一个较好的发展方向。野生动物疾病的发生与季节的变化有很大的关联，春季使用中草药应以清热解毒为主，预防野生动物体形消瘦等疾病发生；夏季气温较高，是野生动物疾病频发的季节，使用中草药可以对野生动物进行机体的平衡性调理，提高抗病能力，预防疾病的发生；秋季气温变化多端，气候较为干燥，容易得风寒等疾病，可使用中草药进行调理，止咳清肺，化痰等来预防肺部疾病；冬季气候寒冷，野生动物极易气血不足，机体虚弱无力，中草药应以驱寒等预防为主，调理野生动物的身体状况，中草药的使用需要养殖人员及时调整中草药使用种类，及时预防疾病的发生，产生更好的养殖效益。

2. 政府部门政策执行

国家开展全国性陆生野生动物资源的调查，了解野生动物的基本情况，采取针对性的对策进行保护；学者从遗传学和生态学角度出发，分析濒危物种的情况，建立各项管理机制，强化野生动物的保护机制；恢复野生动物的生存栖息地，保护野生动物的生存条件，增强野生动物的存活条件；提高野生动物的动物疾病预防手段，采取针对性的治愈水平治疗野生动物，结合当地情况建立适宜的疾病预防机制，为野生动物的疾病预防奠定一定的基础。

3. 开设野生动物相关专业的教学

野生动物相关专业的开设对于野生动物的疾病防治具有十分重要的意义，涉及多种特种经济动物的养殖，包括养殖、疾病预防、诊治、野生动物产品的合理开发等，既可解决一部分人的就业问题，又对野生动物进行了保护，让社会更加深入了解野生动物的保护对于野生动物存在的意义及发展趋势，增强了社会服务意识，对于野生动物的疾病治疗有了专业知识，可以更好地预防野生动物疾病的发生。

（二）野生动物的防治措施

1. 提高疫病防治意识

野生动物的疫病防控难度较大，部分动物卫生监督机构工作不到位，导致野生动物的疫苗接种不及时，疾病预防效果不理想，因此，需要相关部门进行监督，相关工作人员对野生动物进行疫苗接种，预防野生动物疾病的发生；偏远地区对于疫病防控意识较为薄弱，需要专业的工作人员进行培训，提高野生动物疫病防控的意识，充分认识疫病防治的重要性，积极参与野生动物的疫病防控工作，对于出现疾病的野生动物，需要及时隔离治疗，避免出现疾病传染的情况。

2. 合理用药

野生动物兽药的使用必须科学且合理，结合相关疾病合理用药，用药方式、剂量及用药配伍都需要在专业兽医指导下用药，确保用药合理且能及时稳住病情，防止恶化病情，大型野生动物用药需要使用一定的器械来辅助用药，以防造成不可避免的伤害。

3. 加强饲养管理工作

对于舍饲条件下饲养的野生动物，科学合理配置野生动物的饲粮，满足野生动物自身的营养需求，针对不同生长阶段的野生动物，需要及时调整饲粮配方，提高动物自身的免疫功能，防止出现疾病；在饲养过程中，做好圈舍的卫生工作，定期进行消毒和疫苗接种，防止有害病原微生物的发生与传播；圈舍建设应配置合理，对于不同生长阶段的野生动物，应有不同的圈舍，满足自身发展需求；饲养过程中，应尽量减少应激状况的发生，有些动物喜静，若外界应激过大，对野生动物会产生一系列应激反应，如呆滞，精神状态较差，采食量下降等，造成生产效益下降。

4. 加强专业人员的培养

由于野生动物的保护工作发展较为落后，对于专业人员的培养较为迟缓，导致有关野生动物疾病防控的专业人员较为稀缺，导致地方野生动物的防控工作发展较为困难，缺乏有效的管理和专业的技能，不能较好的做好此项工作，需要国家大力支持有关野生动物专业人员的培养，学习专业的知识，如疾病防控、疾病治疗、野生动物养殖等，定期进行管理培训和外出学习新知识，引进专业的设备进行疾病诊断，引进专业的人才和派出工作人员学习新的知识和技能，才能更好地提高野生动物的疫病防控工作。

（三）野生动物疾病防治的发展趋势

1. 加强野生动物的防护工作,确保野生动物种群繁衍

野生动物对于国家的发展至为重要，需要国家制定相关政策，加强野生动物的保护工作，避免被人偷猎，从而导致野生动物数量较少，延缓野生动物的种群繁衍；应当规划保护区内的建设工作，完善区域内的保护工作及建设工作，确保野生动物能够健康成长和种群繁衍工作。

2. 积极发展野生动物的繁殖育种工作

在做好相关的保护工作后，对于即将濒危的野生物种，进行人工繁育，做好扩育和繁衍的工作，避免灭绝，对于濒危物种的繁殖育种工作，国家应给予资金支持，才能得到较好的反应，及时做好基因保护工作，确保物种资源的恢复和发展，从而侧面也可以更好地了解野生动物疾病发生的根本原因，利于野生动物的选种工作进行，培育出更加优质的野生品种，提高野生动物的养殖水平。

3. 合理利用自然资源,加强动物的监测

野生动物受生态破坏的影响是较为严重的，应以生态保护为优先，在保护野生动物的同时，严格限制物种资源的利用，确保野生动物资源的恢复和发展；利于现代化的信息设备，实时监测野生动物的信息动态，在实行放养状态的同时，可以额外进行营养供给，健康状态监测，提高养殖水平，保证野生动

物的健康成长。

4. 利用野生动物的优势

在保护野生动物的同时，积极驯养，合理开发，利用好野生动物保护区，适当地提高人们的精神生活，将野生动物的社会效益、经济效益发挥到最大，可以更好地服务社会，造福社会，同时也提高了野生动物的生活水平。

5. 信息共享

野生动物的疾病防控资源可以相互借鉴，相互共享，创建资源信息数据库，野生动物兽医互相交流和借鉴，提高野生动物的养殖水平，各个单位经常交流野生动物养殖工作的经验且和防控工作较好的单位进行交流与学习，共同提高野生动物的健康养殖水平。

第八章　果树栽培

第一节　果树的种类和特点

果树是指可以生产可食用水果的树木，是人类食品中的重要来源。根据果实的分类，可以将果树分为核果类、浆果类和瓜果类四类。

一、核果类

核果类果树是果实中带有核的果树，常见的核果类果树有苹果、梨、桃、杏、李子等。它们在营养和医疗价值方面都有很高的地位，而且广泛应用于食品加工和医药工业等领域。下面将就核果类果树的种类及特点做一个详细的分析。

（一）苹果树

苹果树是一种多年生落叶果树，它的果实为核果类果实，因其风味独特，营养丰富，深受人们的喜爱。苹果树在中国的广泛种植始于唐朝，至今已有千余年的历史。苹果树可以分为甜味和酸味两种类型，常见的品种有红富士、嘎啦、黄元帅、金帅等。

苹果树的生长条件比较苛刻，它需要较高的温度和充足的阳光，同时也需要充足的水分和养分。苹果树对土壤要求不高，只要土质疏松、排水良好即可。在栽培过程中，还需要注意防治病虫害和适时修剪树冠，以保证苹果的品质和产量。

（二）梨树

梨树是一种常见的果树，其果实肉质细腻，味道甜美，深受人们的喜爱。

以下是梨树的生活习性和品质。

1. 生活习性

梨树为落叶乔木，高度一般在 4 ~ 8 米之间，树冠开展呈圆形或扇形。梨树喜阳性，耐寒性较强，适宜生长在年平均气温 12 ~ 16℃，年降水量 600 ~ 1000 毫米，土壤深厚、疏松、排水良好的地区。梨树生长发育需要较高的光照和温度条件，同时对土壤的肥力和水分也有较高的要求。

2. 品质

梨树的果实一般在 8 月至 10 月之间成熟，果实呈圆形或椭圆形，果肉细腻，甜度高，具有清香味。梨树的果实外观颜色有白色、黄色、绿色等多种颜色，不同品种的梨树果实大小和形状也有所不同。梨树的果实中含有丰富的营养成分，如糖类、维生素 C、钾、镁、钙等，对人体健康有益。

此外，梨树的花朵美丽、芳香，开花期一般在 4 月至 5 月之间，具有很高的观赏价值。因此，梨树既是一种经济作物，也是一种重要的园林绿化植物。

3. 常见的梨树品种

早秋梨：果实略呈圆锥形，果皮黄绿色，果肉白色，质地细腻，口感清爽甜美。

鸭梨：果实呈梨形或长圆形，果皮黄色或绿色，果肉呈黄色或白色，质地较为细腻，多汁，口感清甜。

丰水梨：果实呈圆锥形或瓢形，果皮黄绿色，果肉白色或微黄，质地细腻，多汁，口感清甜。

贝贝梨：果实呈长圆形，果皮黄绿色，果肉白色，质地较为细腻，多汁，口感鲜美。

雪花梨：果实略呈圆锥形，果皮黄绿色，果肉白色，质地细腻，多汁，口感清甜。

甜心梨：果实呈卵形或长圆形，果皮黄色或黄绿色，果肉白色或微黄，质地细腻，多汁，口感清甜。

以上是常见的梨树品种，不同品种的梨树果实形态、口感和香气等方面存在差异，消费者可以根据自己的喜好来选择合适的品种。

（三）桃树

桃树属于蔷薇科桃属植物，是一种原产于中国的果树。桃树喜欢温暖、潮湿、充足的阳光和肥沃的土壤，适宜生长在海拔500米以下的山区、丘陵、平原和河谷地带。桃树在我国分布广泛，主要分布在南方省份，如湖南、四川、云南等地。桃树的果实为核果类果实，口感鲜美，营养丰富，是人们非常喜爱的水果之一。

桃树的树形比较优美，高度一般在3～5米左右，树干和树枝上有许多长而尖的刺。桃树的叶子呈椭圆形或卵形，叶面呈深绿色，叶缘有细锯齿。春季，桃树开出美丽的粉色或白色花朵，非常美丽。

桃树是一种喜温暖的果树，生长温度在15～25℃之间，最适合生长的温度为20℃左右。桃树对土壤的要求较高，喜欢肥沃、疏松、排水良好的土壤，对土壤的pH值要求在5.5～7.5之间。桃树需要充足的阳光，因此最好种植在光照充足的地方。

桃树的果实是核果类果实，果实表面光滑，果皮为淡黄色或浅红色，果肉为浅黄色或淡橙色，果汁丰富、味道甜美，有浓郁的香气。桃树的果实富含多种营养物质，如维生素C、维生素B、糖类、有机酸、氨基酸、矿物质等，对人体有多种保健作用。

桃树是一种比较容易栽培的果树，可以通过育苗、嫁接等方法进行繁殖。在栽培过程中，需要注意保持适宜的水分和肥料供应，及时进行病虫害防治，以确保桃树的健康生长和高产高质的果实产量。

（四）杏

杏，学名杏桃，属于蔷薇科植物，是一种果实肉质，果核包在果肉里的核果类果树。杏树是一个小乔木，高度在2～4米之间，树皮为灰色或灰褐色，树冠较为散开。叶子为椭圆形或长圆形，边缘有细锯齿。花为白色或粉红色，具有五瓣，开花时间在春季。

杏子呈扁圆形或椭圆形，外表为黄色或橙黄色，有时也带有红色或淡紫色，果皮光滑而有光泽。果肉为淡黄色或橙色，肉质细腻，多汁，口感酸甜。果核为卵形，硬度较大，含有一定量的氢氰酸，不能食用。

杏子是一种营养丰富的水果，富含蛋白质、碳水化合物、纤维素、矿物质和维生素等营养成分，对人体健康有很多益处。其中，杏仁中的氢氰酸可以刺激消化器官，帮助消化，有助于治疗便秘。杏子还有润肺止咳、降血压、降血糖等功效，对预防和治疗心脑血管疾病、肺炎等疾病有一定的保健作用。

在种植上，杏树是一种耐寒、耐旱、喜光的植物，对土壤的适应性较强，但喜欢渗透性好、疏松肥沃的土壤。杏树的繁殖方式可以采用接穗、嫁接和播种等方法。杏树的生长周期长，一般在3年后开始结果，产量也较为稳定。在杏树的栽培和管理上，需要注意合理施肥、及时修剪、防治病虫害等问题。

（五）李子

李子是一种核果类果树，是我国重要的果树之一。其果实为单核果，果皮光滑，果肉鲜美多汁，含有丰富的营养物质，有着非常高的食用和药用价值。李子原产于中国，已有几千年的种植历史，现已被广泛栽培于世界各地。

1. 李子树的习性和特点

（1）树形和树冠

李子树的树形多为中等大小的乔木，树冠较为宽松丰满。叶子为椭圆形或卵形，花为白色，具有香气，喜阳光和温暖的气候。

（2）适应性强

李子树的生长条件比较宽松，适应性强。但对于土壤的要求较高，喜欢疏松、肥沃、排水良好的土壤。同时，对温度和湿度的要求也比较高，适宜生长的温度在20℃～30℃之间，湿度在60%～70%之间。

（3）开花结果

李子树的开花期在春季3月下旬至4月上旬，果实成熟期在夏季6月下旬至8月上旬。果实成熟后，果皮变为鲜艳的红色或黄色，果肉变得饱满多汁，味道鲜美，营养丰富。

（4）抗逆性较强

李子树的抗逆性较强，能够适应较为严酷的环境条件，比如干旱、寒冷等。但是，在适宜生长条件下，李子树的生长速度比较快，需要定期修剪和管理。

2. 主要品种

李子主要品种有以下几种。

早熟李：果实较小，果皮光滑，呈淡黄色或红色，肉质鲜嫩多汁，口感甜美。

晚熟李：果实较大，果皮光滑，呈红色或紫红色，肉质厚实多汁，口感酸甜适中。

红李：果实呈圆形，呈鲜红色，肉质细腻多汁，甜味浓郁。

黄李：果实呈圆形或卵形，呈金黄色，肉质鲜嫩多汁，味道甜美。

青皮李：果实呈圆形或卵形，果皮呈青色或淡黄色，肉质鲜嫩多汁，味道清新甜美。

以上是常见的几种李子品种，不同品种的李子果实口感、营养成分、成熟时间等都有所不同。

二、浆果类

浆果类水果是指果实为多汁的浆果，常见的浆果类水果有葡萄、草莓、蓝莓、黑莓、红莓等。它们的果实含有丰富的维生素、矿物质和抗氧化物质，对人体健康有很多好处。

（一）葡萄

葡萄是一种浆果类水果，有着丰富的营养价值和独特的风味。葡萄的品种非常丰富，有黑葡萄、白葡萄、红葡萄等。在品尝葡萄时，可以感受到它的口感酸甜、多汁爽口，同时还有着特殊的香气。葡萄可以生食、鲜食，也可以制作成葡萄干、葡萄酒等食品和饮品。

1. 葡萄的品种

葡萄的品种非常丰富，根据不同的分类标准，可以分为不同的类别。下面列举一些常见的葡萄品种。

红葡萄：红葡萄果皮为深紫色或黑色，果肉汁多、味道浓郁，常用于酿造红酒或生食。常见品种有：赤霞珠、黑皮诺、梅洛等。

白葡萄：白葡萄果皮为黄绿色或淡黄色，果肉汁多、味道清爽，常用于酿造白酒或生食。常见品种有：长相思、霞多丽、夏霞等。

黑葡萄：黑葡萄果皮为黑色或紫黑色，果肉汁多、味道浓郁，常用于酿造红酒或生食。常见品种有：巨峰、藤黄、红波等。

绿葡萄：绿葡萄果皮为浅绿色或黄绿色，果肉汁多、味道清爽，常用于生食或制作葡萄干。常见品种有：绿帝、巨峰绿、苏西等。

葡萄干葡萄：葡萄干葡萄是经过晒干或烘干后制成的葡萄，颜色和口感与原葡萄略有不同。常见品种有：汤臣倍健、乌鲁木齐葡萄干等。

2. 葡萄的生活习性

葡萄是一种落叶藤本植物，适应性强，在温带和热带地区均有分布。下面是葡萄的一些生活习性。

光照需求：葡萄是喜光植物，需要充足的阳光照射。在生长期，每天至少需要 6 个小时的光照。

水分需求：葡萄需要适量的水分，但不宜过多。在生长期，每个葡萄株每天需要 15～20 升的水。

适应性：葡萄适应性强，可以生长在多种土壤和气候条件下。但最适宜的生长条件是土壤深厚、疏松、肥沃，气候温和、湿润。

防风抗旱：葡萄根系发达，能够抵抗风吹干旱，但不能耐受涝和积水。

喜肥性：葡萄需要充足的养分供应，尤其是氮、磷、钾等元素。在生长期，需要适时施肥。

病虫害防治：葡萄易受到真菌病、虫害等危害，需要加强病虫害防治。

修剪管理：葡萄需要进行定期修剪，以控制生长和形态，并促进花芽的分化和果实的发育。

繁殖方式：葡萄的繁殖方式有插枝扦插、嫁接、分蘖和种子繁殖等多种方式。

总的来说，葡萄是一种适应性强的植物，需要充足的养分供应、适宜的土壤和气候条件、定期的修剪管理以及加强病虫害防治等措施来保证其生长发育和产量质量。

（二）草莓

草莓是一种多年生草本植物，属于蔷薇科草莓属，原产于欧洲。草莓果实呈心形或圆形，果皮光滑，有时带有细小凸起物，果实肉质细腻多汁，味道酸甜可口。草莓是广泛种植和消费的水果之一，也是人们喜爱的美食之一。

1. 草莓的生长环境

草莓对生长环境的要求比较高，通常生长在温暖、潮湿、排水良好、土壤肥沃的地区，最适宜生长的温度为 15～25℃。草莓需要充足的阳光和适量的雨水，在干旱的季节需要进行适当的浇水。

2. 草莓的种植方法

草莓一般采用播种和移栽两种方式进行种植。播种是指在育苗盘或育苗箱中播种草莓种子，然后将幼苗移栽到露地中生长。移栽是指将已经成长的草莓苗移植到露天或温室中进行生长。

3. 草莓的品种

常见的草莓品种有以下几种。

美国种：果实大、形状不规则、颜色为暗红色，果肉脆甜。

法国种：果实大、呈锥形，颜色为鲜红色，果肉酸甜适中。

日本种：果实中等大小、形状规则，颜色为鲜红色，果肉细腻甜美。

荷兰种：果实小而甜，味道浓郁，颜色为深红色。

此外，还有许多其他品种，如长寿草莓、金带草莓、美人草莓等。每个品种的果实大小、形状、颜色、味道都有所不同，人们可以根据自己的口味和需求选择适合自己的草莓品种。

（三）蓝莓

蓝莓是一种小型的浆果类水果，有着深蓝色的果实和独特的味道。蓝莓的品种也非常丰富，有高低丛蓝莓、欧洲蓝莓、美洲蓝莓等多种品种。蓝莓富含维生素 C 和多种抗氧化物质，可以帮助提高免疫力和保护心脏健康。

1. 品种

蓝莓有很多品种，根据果实成熟时间、果实大小、果实甜度等特征，可以将其分为不同的品种。以下是一些常见的蓝莓品种。

光莓蓝莓（High bush Blueberry）：果实较大，呈圆形或椭圆形，成熟后呈鲜艳的蓝紫色，果实甜度高，适合鲜食和加工。

低矮蓝莓（Low bush Blueberry）：果实较小，呈圆形，成熟后呈深蓝色，果实甜度适中，适合加工制作。

南高山蓝莓（Southern Highbush Blueberry）：果实较大，呈圆形或椭圆形，成熟后呈深蓝色，果实甜度高，适合鲜食和加工。

2. 生活习性

生长环境：蓝莓喜欢生长在酸性土壤中，pH 值在 4.0 ~ 5.5 之间，同时需要充足的阳光和适当的水分。在北半球温带地区广泛分布，例如北美洲、欧洲、亚洲等地。

生长习性：蓝莓为常绿灌木，高度一般在 1 ~ 4 米之间，树冠分枝密集，叶子呈卵形或椭圆形，边缘呈波状。蓝莓的花期在春季，果实成熟期在夏季。

繁殖方式：蓝莓的繁殖方式有种子繁殖和扦插繁殖两种，其中扦插繁殖是常用的繁殖方式。蓝莓的移植时间以春季和秋季为宜，一般需要在种植前对土壤进行酸化处理。

用途：蓝莓是一种具有丰富营养价值和药用价值的水果。其果实含有大量的花青素、维生素 C、维生素 E、胡萝卜素等抗氧化物质，以及钾、铁、锌、钙等多种矿物质和膳食纤维等营养成分。因此，蓝莓被广泛用于食品、保健品、医药等方面。

在食品方面，蓝莓可以被加工成各种产品，如果汁、果酱、干果、蜜饯等。其独特的口感和营养价值使其成为市场上备受欢迎的水果之一。

在保健品方面，蓝莓可以作为保健食品的原料，如蓝莓口服液、蓝莓胶囊、蓝莓片等。由于蓝莓中富含抗氧化物质，具有抗氧化、抗炎、抗衰老等功效，因此可以帮助预防和治疗多种慢性疾病。

在医药方面，蓝莓可以被用于生产各种药物，如蓝莓提取物、蓝莓粉剂等。由于其所含的花青素等成分具有良好的抗氧化和抗炎作用，可以被用于治疗眼部疾病、糖尿病、心血管疾病等疾病。同时，蓝莓还可以帮助促进记忆力和脑功能，被誉为“智慧果”。

（四）黑莓

黑莓是一种大型的浆果类水果，果实呈深紫色或黑色。黑莓的果实肉质柔软、多汁，口感酸甜，同时还有着丰富的维生素 C、纤维素和抗氧化物质。

1. 起源

黑莓起源于欧洲，分布在欧洲、北美洲和亚洲的温带地区。在欧洲，黑莓被广泛种植，是一种重要的水果作物。在北美洲，黑莓是一种常见的野生植物，也被人们广泛栽培。现在，黑莓已经成为世界上重要的果树之一，其种植和消费量逐年增加。

2. 品种

黑莓的品种繁多，不同品种在果实颜色、大小、甜度和成熟期等方面存在差异。以下是一些常见的黑莓品种。

黑比诺（Blackberry）：黑比诺是一种拥有较大果实的品种，果实甜度较高，味道香甜可口。该品种在美国和欧洲广泛种植，是黑莓中最受欢迎的品种之一。

奥古斯特森（Aughinbaugh）：奥古斯特森是一种早熟品种，果实较小，味道稍微酸一些，但其植株比较耐寒，适合在北方地区种植。

切斯特（Chester）：切斯特是一种大果型品种，果实大小均匀，外观美观。该品种适合在温暖气候下种植，成熟期比较晚。

锐伦（Reuben）：锐伦是一种早熟品种，果实大小适中，果实味道甜美，适合在温暖气候下种植。

3. 栽培

黑莓的栽培相对比较简单，主要包括选地、整地、育苗、移栽、施肥、修剪等几个方面。

选地：黑莓喜欢温暖潮湿、排水良好、土壤肥沃的环境。选地时应选择排水良好、土壤肥沃、光照充足、气温适宜的地方，避免选择低洼潮湿、通风不良的地方。

整地：整地是为了保证黑莓的生长环境，保证养分供应和排水，提高产量和品质。整地主要包括翻耕、平整、加肥等几个环节。

育苗：黑莓的育苗需要选用生长健壮、无病虫害、有一定生长潜力的幼苗。育苗的时间一般在春季，具体时间要根据气候和当地的地理环境而定。

移栽：移栽一般在秋季进行，以便于幼苗在春季快速生长，达到开花结果的要求。移栽时要注意避免损伤根系，保证移栽后的幼苗能够正常生长。

施肥：黑莓在生长期需要充足的营养供应，特别是氮、磷、钾等营养元素。在施肥时应根据土壤养分状况和生长阶段进行施肥，避免过量施肥导致病虫害的滋生。

修剪：黑莓的修剪主要是为了控制其生长方向，保持植株的平衡，增加果实数量和品质。修剪一般在冬季进行，要注意保持修剪工具的清洁和消毒，以避免传播病毒和病菌。

总体来说，黑莓的栽培技术相对简单，但要保证每个环节的质量和精度，才能够获得高产高质的黑莓果实。

（五）红莓

红莓（Cranberry），也称为蔓越莓，是一种浆果类水果，属于蔷薇科。它原产于北美地区，是北美原住民文化中的重要食物之一。红莓在全球范围内广泛种植和消费，具有很高的营养和经济价值。本文将从品种、生活习性、栽培管理和经济价值等方面详细介绍红莓。

1. 品种

目前，全球已经发现了约 100 个红莓品种，其中一些品种具有高产量、高品质和高适应性等特点，适合在不同的气候和土壤条件下种植。以下是几个常见的红莓品种。

美国原生红莓（American Cranberry）：这是最古老、最原始的红莓品种之一。其果实大而饱满，口感浓郁，适合鲜食和加工制品生产。

普罗文斯红莓（Providence）：这是一种高产量的红莓品种，其果实颜色鲜艳、饱满，味道酸甜可口，是制作蔓越莓酱和果汁的理想选择。

汉密尔顿红莓（Hamilton）：这是一种冬季耐寒的红莓品种，适合在寒冷的地区种植。其果实质量高、产量稳定，广泛用于鲜食和加工制品生产。

碧绿红莓（Early Black）：这是一种早熟的红莓品种，果实鲜艳、饱满，味道酸甜适中，适合鲜食和加工制品生产。

2. 生活习性

（1）生长环境

红莓喜欢生长在酸性沼泽地或湿地，土壤 pH 值在 3.0 ~ 5.5 之间，水分充足，阳光充足但不要过度曝晒。

（2）生长习性

红莓属于多年生植物，能够长达 20 年以上，一般在第二年开始结果。红莓茎长 1～2 米，叶子小而密集，花色白、粉红或淡红色，果实成熟后呈现鲜红色。

（3）生长周期

红莓的生长周期可以分为四个阶段：休眠期、萌芽期、生长期和结果期。休眠期一般从秋季开始，持续到春季。萌芽期一般在春季开始，此时红莓芽开始萌发并生长。生长期一般持续到夏季，此时红莓植株进入高速生长期，同时开始形成花蕾和果实。结果期一般在夏季结束，此时红莓果实成熟并开始收获。

（4）抗病能力

红莓具有较强的抗病能力，能够抵御多种病毒和真菌的感染，例如红莓鞘翅病毒、红莓叶翅螨、红莓枯萎病等。

（5）适宜种植区域

红莓主要适宜生长在北半球的温带地区，例如欧洲、北美、中国东北等地。在中国，主要分布在东北、华北、西南等地区。

红莓的生活习性和生长环境都比较特殊，需要特别注意。在栽培红莓时，需要选择合适的土壤和环境条件，并采取科学的种植管理措施，才能获得更好的产量和品质。

三、瓜果类

瓜果类是指果皮厚实、果肉多汁的果实，通常可以食用，也可用于制作饮料或调味料等。瓜果类广泛分布于世界各地，包括亚洲、欧洲、非洲和美洲等地区。以下是一些常见的瓜果类植物和它们的特点。

（一）西瓜

西瓜是瓜果类植物中最为著名的一种，它的果实呈圆形或椭圆形，表面有绿色或黑色的条纹，果肉呈红色或黄色，口感清甜。西瓜喜温暖湿润的气候，生长期需要长达 100 天以上。在栽培上，要选择充足的阳光、排水良好的土壤和适宜的温度和湿度。

1. 品种

西瓜的品种繁多，按照果形可分为圆形、长椭圆形和梨形等，按照果皮颜色可分为绿色、黄色、黑色等。以下是一些常见的西瓜品种。

黑皮西瓜：果皮为深绿色或黑色，果肉红色，味道甜美。

绿皮西瓜：果皮为浅绿色，果肉为红色或黄色，味道清甜。

黄皮西瓜：果皮为黄色，果肉为淡黄色，味道甜美。

小叶西瓜：果实体积较小，瓜皮厚，瓜瓤多汁，口感清新。

甜瓜西瓜：果实较大，果皮厚，瓜肉较软，味道清香。

2. 生活习性

（1）适生环境

西瓜喜欢温暖、湿润的环境，喜阳、耐阴，适宜生长温度为 20 ~ 30℃，生长期间需要充足的阳光和水分。

（2）栽培方法

西瓜喜欢松软、肥沃的土壤，要求排水性好。一般采用播种或移栽的方法进行栽培。移栽期一般为 4 月底至 5 月初，需要注意保温和保水，栽后需及时施肥、浇水和松土。

（3）生长特点

西瓜为一年生草本植物，生长期为 80 ~ 120 天左右。在生长期间，需要不断补充营养和水分，及时进行施肥和灌溉，以保证果实的生长和发育。

（4）采摘方法

西瓜成熟后，果皮会变硬，果蒂会变干，果实表面会出现裂缝。此时可采用斩果法进行采摘，也可以用手摘取果实。采摘后需及时清洗并存放在阴凉处。

（5）主要病虫害

西瓜常见的病虫害包括以下几种。

白粉病：由真菌引起，主要发生在植株的叶片和茎部，症状为白色粉状物质在叶片表面形成，导致叶片凋萎、枯死，影响西瓜的生长和产量。

炭疽病：由炭疽菌引起，主要发生在叶片和果实上，症状为黑色的病斑，严重影响果实品质。

叶螨：叶螨是一种微小的节肢动物，主要发生在西瓜叶片上，通过叶片的吸汁造成叶片凋萎和脱落，影响西瓜的正常生长。

斑点病：由病毒引起，主要症状为西瓜叶片和果实上出现黄色或白色的斑点，影响果实的品质和产量。

蚜虫：蚜虫主要吸取西瓜叶片和茎部的汁液，导致叶片变形、枯萎和脱落，严重时会影响西瓜的生长和产量。

为了预防和治疗病虫害，可以采取以下措施。

合理轮作：轮作可以避免同一地块长期种植同一品种，减少病虫害的发生。

浸种：将种子在40℃左右的水中浸泡30分钟，能够杀死一部分病菌和虫卵，提高种子发芽率和抗病能力。

使用生物农药：生物农药可以通过增强植物自身的免疫力来预防和治疗病虫害，对环境无污染。

掌握适宜的施肥方法：适宜的施肥可以增强植物的抗病能力，预防病虫害的发生。

定期清理杂草：杂草是病虫害的重要宿主之一，定期清理可以减少病虫害的发生。

（二）瓜子

瓜子是一种坚果类瓜果，它的果实呈椭圆形或圆形，果皮硬而薄，果肉呈黄色或白色，口感香甜。瓜子适宜生长于温暖湿润的气候条件下，生长期需要长达3～4个月以上。在栽培上，要选择透气性良好的土壤，保持土壤湿润但不过湿。

1. 瓜子的种类和特点

（1）南瓜子

南瓜子是一种常见的瓜类种子，形状扁平，外壳呈深绿色或浅黄色，内含肉质种皮和种仁。南瓜子营养丰富，含有多种维生素和矿物质，具有清热解毒、润肠通便等功效。

（2）葫芦子

葫芦子是葫芦果实内所含的种子，形状扁平，外壳呈深褐色，内含肉质种皮和种仁。葫芦子富含蛋白质、脂肪、糖类和多种维生素和矿物质，具有滋补肾脏、益气养血等功效。

（3）西瓜子

西瓜子是西瓜果实中所含的种子，形状扁平，外壳呈黑色或灰色，内含肉质种皮和种仁。西瓜子营养丰富，含有多种营养成分，如维生素、矿物质和多种氨基酸等，具有降压、清热解毒等功效。

（4）哈密瓜子

哈密瓜子是哈密瓜果实中所含的种子，形状扁平，外壳呈深黄色或淡黄色，内含肉质种皮和种仁。哈密瓜子富含蛋白质、脂肪、碳水化合物和多种维生素和矿物质，具有润肺止咳、清热解毒等功效。

2. 瓜子的营养价值和功效

瓜子是一种常见的零食，不仅美味可口，还富含营养，有很多的功效。以下是瓜子的营养价值和功效。

富含蛋白质：瓜子中含有丰富的蛋白质，是素食者和运动员的良好蛋白质来源。

含有健康脂肪：瓜子中的脂肪主要为不饱和脂肪酸，有益于心脏健康。

富含纤维素：瓜子中含有丰富的膳食纤维，有助于消化系统健康。

富含微量元素：瓜子中含有锌、铜、镁等多种微量元素，有助于维持身体健康。

有镇静作用：瓜子中含有天然的镇静剂，有助于缓解焦虑和紧张情绪。

促进睡眠：瓜子中含有色氨酸，可以促进脑内的血清素合成，有助于睡眠。

改善皮肤：瓜子中含有维生素 E，有助于保持皮肤健康和美丽。

有助于减肥：瓜子中的膳食纤维可以帮助控制食欲，有助于减肥。

总之，瓜子是一种营养丰富、美味可口的零食，适量食用有益于身体健康。

（三）哈密瓜

哈密瓜是一种高产的瓜果类植物，它的果实呈椭圆形或圆形，果皮厚而硬，果肉呈浅黄色或淡绿色，口感清甜。哈密瓜适宜生长于温暖干燥的气候条件下，生长期需要长达 3～4 个月以上。在栽培上，要选择透气性良好的土壤，保持土壤湿润但不过湿。

哈密瓜是一种甜瓜，属于葫芦科植物，原产于中国新疆哈密市，因此得名哈密瓜。它的果实呈圆形或卵形，果皮薄而光滑，果肉橙黄色、肉质细腻、汁多味甜，具有清香芳郁的特点。哈密瓜不仅是夏季人们爱吃的水果，也是营养丰富的食品之一，下面将对它的营养价值、品种、生活习性以及栽培管理等方面进行详细介绍。

1. 营养价值

富含维生素C和维生素E：哈密瓜含有丰富的维生素C和维生素E，具有较强的抗氧化作用，能够预防细胞老化和多种疾病的发生。

含有丰富的钾和镁：哈密瓜含有较多的钾和镁等矿物质，能够帮助维持正常的血压和心脏健康。

低热量、低脂肪：哈密瓜的热量和脂肪含量较低，是减肥和保持健康体重的理想选择。

富含纤维素：哈密瓜中含有丰富的纤维素，有助于促进消化道健康，预防便秘等问题。

2. 品种

霸王哈密瓜：产地主要在新疆各地，果实呈圆形或卵形，果皮黄色，果肉橙黄色，香甜可口。

沙漠王哈密瓜：果实呈椭圆形，果皮为浅黄色或黄色，果肉细腻，味道甜美。

甜心哈密瓜：果实呈椭圆形或圆形，果皮黄绿色或浅黄色，果肉鲜嫩甜美，口感极佳。

3. 生活习性

哈密瓜是一种热带和亚热带地区的夏季果蔬，主要分布于我国新疆、甘肃、河北等地区。它的生活习性主要包括以下几个方面。

适应性强：哈密瓜对环境的适应能力很强，耐热、耐旱、抗逆性能强，能适应不同地区的生长环境，生长期长达120天以上。

需水量较大：哈密瓜需要较多的水分，生长期间需要适量灌溉，特别是在花果期要加强水分供应，以保证果实的质量和产量。

要求光照充足：哈密瓜喜欢光照充足的环境，要求每天6小时以上的阳光照射，有利于花粉的成熟和果实的发育。

喜温暖湿润环境：哈密瓜对温度和湿度的要求较高，适宜生长的温度为20～30℃，相对湿度为70%～80%。

需要适宜的土壤：哈密瓜生长在肥沃、疏松、排水良好的砂质土壤或砂质壤土中，土壤pH值在6.5～7.5之间，有利于根系的生长和吸收养分。

综上所述，哈密瓜生活习性的特点是适应性强、需要较大的水分、光照充足、喜温暖湿润环境和需要适宜的土壤。只有在这些条件下，才能保证哈密瓜的健康生长和高产高质的果实。

（四）葫芦

葫芦是一种古老的蔬菜和药用植物，种植历史悠久，主要分布在亚洲、非洲和美洲等地区。葫芦属于葫芦科植物，是一种蔓性植物，茎细长，叶子大而宽，花小而黄绿色。葫芦的果实呈瓢状或圆柱状，外壳坚硬，内部有白色或绿色的果肉和许多籽粒。葫芦的种类很多，按照果形分为葫芦瓜、西葫芦、南瓜、佛手瓜等，不同种类的葫芦在形态和用途上有所差异。

葫芦具有很高的经济价值和药用价值，是一种重要的农作物和药材植物。以下是葫芦的主要生活习性。

生态环境适应性强：葫芦适应性很强，能在各种环境中生长，包括山地、丘陵、平原、荒漠和沿海地区等。

耐寒耐旱：葫芦对低温和干旱的适应能力很强，能够在较为恶劣的环境中生存。

生长快速：葫芦的生长速度很快，一般种植后几个月就能结出果实，收成期较短。

需要充足的阳光和水分：葫芦喜欢充足的阳光和水分，这对其生长和果实质量有着很大的影响。

对土壤要求不高：葫芦对土壤要求不高，适应性强，但适宜的土壤为肥沃、疏松、透气性好的土壤。

总的来说，葫芦的生长适应性强，生长速度快，对土壤和气候的要求较低，因此在很多地区都是一种重要的经济作物。同时，葫芦也有很高的药用价值，可以用于治疗多种疾病，例如消炎、清热、利尿等，是一种重要的中药材。

（五）冬瓜

冬瓜是一种夏季生长的蔬菜，属于葫芦科植物，原产于亚洲热带地区。其果实为圆柱形或长圆形，表皮呈淡绿色或淡黄色，果肉白色，有着清甜的口感和清凉解暑的作用。冬瓜不仅可以食用，还具有一定的药用价值。

冬瓜的主要生活习性如下。

1. 喜温暖湿润环境

冬瓜喜温暖湿润的环境，适宜生长的温度为 20～30℃，生长的最佳环境温度为 25℃左右。同时，冬瓜对水分的需求较高，生长期间需要充足的水分。

2. 适应性强

冬瓜适应性较强，能够在不同的土壤和气候条件下生长，但对土壤要求较高，适合生长在肥沃、排水良好的土壤中。

3. 生长快

冬瓜生长期较短，通常在 50～60 天内即可成熟，可以在夏季短时间内大量生产。

4. 易于栽培

冬瓜栽培方法简单，易于种植和管理，适合家庭、农村和城市周边的种植。

总的来说，冬瓜适应性较强，生长快，易于栽培，是一种适合夏季种植的优质蔬菜。

第二节　果树栽培的方法和技术

随着现代社会中人民生活水平的大幅度提升，新鲜水果的需求量也随之增大。果林业作为农业经济发展的重要组成部分，受到了越来越多的关注和重视。想要在果林业赢得竞争力，必须从果树栽培技术入手，狠抓果树品质，进而提高产量，获得更大的经济效益。果树栽培的方法和技术包括以下几个方面。

一、土壤选择和改良

果树对土壤的要求比较高，一般选择肥沃、排水良好、pH值适宜的土壤，如沙壤土、黄壤和黏土等。需要根据土壤的性质进行改良，如石灰化、磷酸化和有机质改良等，以提高土壤的肥力和适应果树的生长需要。

（一）土壤选择

果树的生长需要土壤中含有适当的养分和水分，同时要求土壤质地透气性好、保水性强、排水良好。因此，正确选择土壤对果树的生长发展具有重要意义。

1. 适宜的土壤类型

果树的土壤类型主要有砂土、壤土、黏土和淤泥等。在一般情况下，果树的栽培选择壤土或黏土为宜，这类土壤含有丰富的养分和水分，适合果树的生长发育。但也要注意不同品种果树所需要的土壤类型可能会不同，需要进行具体的分析。

2. 土壤的酸碱度

土壤的酸碱度对果树的生长发育也有很大的影响。大部分果树生长适宜的酸碱度为6～8左右，如果土壤过酸或过碱，会影响果树的吸收养分能力和生长发育，因此要根据果树品种选择适宜的土壤酸碱度。

3. 土壤的深度和质地

果树的根系较为发达，根系深度越深，就可以获取更多的养分和水分，因此选择深度较好的土壤对果树生长有益。同时，果树的根系对土壤的质地也有要求，砂土、壤土和黏土等土壤质地都比较适合果树的根系生长。

（二）土壤改良

土壤改良是指通过一系列的措施，改善土壤的结构、质地和养分状况，提高土壤的肥力和适宜性，从而增强植物的生长发育和抗逆能力。以下是土壤改良的具体措施。

1. 有机肥料的施用

有机肥料可以改善土壤结构、提高土壤的肥力和保水能力，从而为植物的生长提供营养和条件。有机肥料包括农家肥、畜禽粪便、厩肥等。

2. 矿质肥料的施用

矿质肥料是指人工合成的肥料，包括氮肥、磷肥、钾肥等。适量施用矿质肥料可以补充土壤中缺失的养分，促进植物的生长发育。

3. 土壤翻松

土壤翻松可以改善土壤结构，增加土壤通气性和保水能力。翻松土壤的方法包括手工犁耕、机械翻耕、深松等。

4. 耕作措施的调整

合理调整耕作措施可以减少土壤侵蚀、保持土壤水分和养分，改善土壤质量。例如，可以采用保墒耕作、旋耕、轮作等措施。

5. 石灰的施用

适量施用石灰可以中和土壤酸性，改善土壤结构，增加土壤的肥力和适宜性。

6. 绿肥的种植

绿肥是指一些易于生长的植物，例如苜蓿、紫云英等。种植绿肥可以增加土壤的有机质和养分，改善土壤结构，为作物的生长提供良好的环境。

7. 微生物肥料的施用

微生物肥料是指一些能够促进土壤微生物活动的肥料，例如蚯蚓粪便、菌类肥料等。施用微生物肥料可以促进土壤有机物的分解和转化，增加土壤肥力。

二、种植方式

种植方式是指果树在土壤中的种植方式和种植的密度等方面的规划。种植方式的选择应该根据土壤的性质、气候条件、果树的生长特性、产量目标以及管理水平等方面综合考虑。以下是常见的几种果树种植方式。

（一）单行栽植

单行栽植是指将果树沿着一条直线排成一行，树之间的距离一般为 3 ~ 5 米。这种种植方式适合生长力强、冠形较大的果树品种，如苹果、梨等。

1. 特点

空间利用率高：单行栽植能够充分利用果树的生长空间，提高果树的空间利用率，增加果实的产量和品质。

利于管理：由于果树的排列方式相对整齐，方便管理和采摘，能够保证果实的品质和产量。

便于机械化操作：单行栽植也更适合机械化操作，如喷洒、施肥、修剪等，可以节约人力成本。

采光充足：单行栽植有利于果树的光照和通风，有助于果实的生长和品质。

2. 种植技术

土壤准备：选择排水良好、肥沃、深厚的土壤，进行深耕、翻松，清除杂草和病虫害等。

栽植时间：一般在春季或秋季进行栽植，以避免极端天气和病虫害的影响。

行距和株距：根据果树的大小和生长情况，设置合适的行距和株距。通常，行距在 3～6 米之间，株距在 1～2 米之间。

种植孔：根据果树的根系大小和形态，挖掘合适大小的种植孔，将果树根系完整地埋入土壤中，然后填好土，踩实。

培土和修剪：种植后需要培土和修剪，培土能够增加根系和土壤的接触面积，提高根系的生长和吸收能力，修剪则可以控制树冠的大小和形态，促进果实的生长和发育。

施肥：果树生长期间需要适量的养分供应，根据土壤的肥力和果树的需求，进行合理的施肥，能够提高果实的产量和品质。

（二）复行栽植

复行栽植是果树栽培中的一种种植方式，指在果树间留有一定间隔，以便日后进行修剪和采摘。与单行栽植相比，复行栽植可以在一定程度上提高果树的生产效率和产量，并且可以方便果树管理和维护。

1. 复行栽植的基本原理

复行栽植是在果树行间留出一定的空隙，一般为 2～3 米，栽种第二行果树，使得相邻的两棵果树呈现出“人”字形或“品”字形。这种栽植方式可以增加果树的生产效率和产量，提高果树的经济效益。

2. 复行栽植的优点

增加果树密度，提高产量。复行栽植可以在同样的土地面积上种植更多的果树，从而增加果树密度和果实产量。

方便管理和采摘。相邻的果树呈“人”字形或“品”字形排列，可以方便管理和采摘，减少工作量。

节约土地资源。复行栽植可以在同样的土地面积上种植更多的果树，节约土地资源，提高土地利用效率。

3. 复行栽植的缺点

复行栽植的行距较窄，不利于果树的生长发育和根系的发展。

果树之间的竞争加剧，容易引发果树生长不良、萎黄等问题。

采摘时需要爬梯子，劳动强度较大。

4. 复行栽植的适宜果树种类

复行栽植适用于果树的品种较矮小，树势不太旺盛的果树，如苹果、梨、桃等。对于生长势旺盛的果树，如柿子、李子、橙子等，则不太适合采用复行栽植。

总之，复行栽植是一种有效提高果树生产效率和经济效益的种植方式，但是需要根据果树品种、土地条件和实际情况进行选择和决策。

（三）密植栽植

密植栽植是指在相同面积内栽种更多的果树，从而增加果树产量的种植方式。相较于传统的单行或复行栽植，密植栽植可以最大限度地利用土地资源，提高果树产量和经济效益。密植栽植的具体方法包括以下几个方面。

1. 选择适宜的品种

密植栽植需要选择生长快、适应性强、耐寒耐热、抗病虫害能力强、果实品质号等品种。例如，一些矮化树形、早熟高产的品种适合进行密植栽植。

2. 调整树距

密植栽植需要根据不同果树品种和生长环境调整树距。一般来说，果树间距可以缩短到原来的 1/2 或 1/3，以达到更高的产量。

3. 合理修剪

密植栽植需要对果树进行合理的修剪，保证树冠的均衡和通风透光。及时摘除过密或无用枝条，保持树冠通风透光，避免枝条相互摩擦，防止病虫害的滋生。

4. 施肥管理

密植栽植需要合理施肥，保证果树的养分需求。根据果树品种和生长环境，适时施用有机肥和化学肥，以提高果实品质和产量。

密植栽植的优点是可以最大限度地利用土地资源，提高果树的产量和经济效益。但也存在一些缺点，如容易造成果树之间的竞争、病虫害易发生等问题。因此，在实际应用中需要结合具体情况进行选择。

（四）梯形栽植

梯形栽植是指将果树沿着山坡或丘陵的梯形排成一定的形状，树之间的距离一般为 3～5 米。这种种植方式适合于地形起伏较大的地区，如柿子、柑橘等。

1. 梯形栽植的特点

梯形栽植是一种沿着坡度或地形起伏进行的栽植方式，采用多层次布局，形成梯形或阶梯形的果树排列。

梯形栽植可以利用山坡上下起伏的高差，提高果树的生产密度，增加单元面积的果实产量。

梯形栽植可降低果树生长期内的土壤侵蚀和水土流失，有利于土壤保持和水源涵养。

梯形栽植能够提高果树的抗逆性，减少枝条折断和果实损坏的风险。

2. 梯形栽植的优势

（1）节约用地：梯形栽植可以有效利用山坡地形，减少用地面积。

（2）增加产量：梯形栽植可以提高单元面积的果实产量，增加果树的经济效益。

（3）减少水土流失：梯形栽植可以降低水土流失的风险，有利于生态环境的保护。

（4）易于管理：梯形栽植方便管理和采摘，有利于果树的健康成长。

3. 梯形栽植的缺点

成本较高：梯形栽植需要进行山坡地的整理和修筑，成本较高。

施工难度大：梯形栽植需要进行较多的施工工程，施工难度大，需要一定的技术和经验。

水肥管理困难：梯形栽植需要进行水肥管理，但是由于地形复杂，水肥管理相对困难。

4. 梯形栽植的实施方法

（1）测量和规划

在实施梯形栽植前，需要对果园进行测量和规划。首先需要确定果园的地形和坡度，然后根据地形和坡度确定梯形栽植的大小和形状。在规划时还需要考虑到果树的生长和管理等因素，确定每个梯形内的果树数量和排列方式。

（2）准备土壤

在实施梯形栽植前，需要对土壤进行改良和准备。首先需要进行土壤测试，确定土壤的养分含量和 pH 值等指标。然后根据测试结果进行土壤改良，添加有机肥料、矿物质肥料等营养物质，调整土壤 pH 值，提高土壤质量。

（3）挖掘梯形坑

在准备好土壤后，需要按照规划的大小和形状挖掘梯形坑。首先需要在梯形上确定果树的位置和间距，然后挖掘出相应大小的梯形坑。在挖掘梯形坑时，需要根据土壤类型和坡度等因素，确定坑的深度和坡度。

（4）栽植果树

在挖掘好梯形坑后，需要将果树根据规划好的排列方式栽植在梯形坑中。首先需要将果树根部浸泡在水中，然后在梯形坑中挖出一个深度和宽度适合根系的坑。将果树放入坑中，使树干正立，然后用土壤填补坑，压实土壤，确保果树稳固生长。

（5）管理和维护

梯形栽植后需要进行管理和维护，包括浇水、施肥、修剪和防治病虫害等工作。需要根据果树的生长情况和土壤养分含量等因素，确定浇水和施肥的时间和量。定期进行修剪和整形，保持果树的健康和生长状态。同时需要进行病虫害的防治，确保果树的健康和产量。

除了以上常见的种植方式外，还有其他的一些特殊种植方式，如圆形栽植、交错栽植等，选择种植方式应根据具体情况而定。同时，在种植果树时还需考虑到果树的密度、排列方式、定植深度等因素，以保证果树的生长和产量的稳定增长。

三、剪枝和造型

果树的剪枝和造型是保证果树生长发育和产量的重要管理措施。剪枝可以控制树冠生长，调整枝条生长方向，提高树冠透光性和通风性，有利于果实生长和成熟，防止病虫害的发生。造型则是根据不同果树的生长习性和生长环境，采取不同的修剪方法，使果树形态优美，产量高、品质好。

果树剪枝和造型的方法有很多种，常见的包括顶端修剪、侧枝修剪、短截修剪、整枝修剪等。具体应根据果树品种、生长环境、树龄和生长状态等因素来确定。

（一）顶端修剪

顶端修剪是一种果树剪枝的技术，主要用于控制树冠高度和促进果实的生长。以下是关于顶端修剪的详细解释。

1. 顶端修剪的原理

顶端修剪是指在果树生长过程中，将树冠的顶端部分进行剪除，以控制树高度，使树冠更加紧凑，从而促进更多的花芽生长和果实生长。剪枝后，果树会重新分配营养和能量，向下部分的新枝和花芽输送更多养分和水分，从而使果实更加饱满和健康。

2. 适用范围

顶端修剪适用于果树生长过程中，树冠过高或者过于稀疏的情况。一般来说，果树的高度应该控制在 2.5 ~ 3.5 米之间，树冠应该有足够的光照和空气流通，以保证果实的健康和成熟。

3. 顶端修剪的时间

顶端修剪的时间应该在春季开始萌芽之前进行。具体来说，应该在冬季果树休眠期间进行，以避免影响果实的生长和发育。

4. 顶端修剪的方法

顶端修剪的方法相对简单，需要使用锋利的园艺剪刀进行。具体步骤如下：

找到果树的主干和主要的竖枝，选出最高的竖枝作为树冠的顶端。

将选定的树枝剪去一段长度，通常是10～15厘米左右。剪口应该平整和光滑，避免留下伤口和残余的枝条。

在顶端修剪的同时，还应该对树冠进行整形，将过长或者过于稀疏的枝条进行修剪，使树冠更加紧凑和均匀。

5. 顶端修剪的注意事项

进行顶端修剪时需要注意以下事项。

（1）修剪时间

一般在树木生长的旺盛期进行顶端修剪，如春季或夏季。在植株生长过程中，不要过度修剪，以免影响植株的正常生长。

（2）修剪方式

顶端修剪的方法有很多种，可以根据具体情况选择不同的方式，如平顶修剪、锥形修剪、球形修剪等。

（3）修剪工具

使用剪刀或修剪刀等工具进行修剪，一定要保持工具的锋利，以免损伤植株或影响修剪效果。

（4）修剪强度

顶端修剪的强度要适当，不宜过度修剪或过度削减顶端部位，以免影响植株的健康和生长。

（5）修剪技巧

在进行顶端修剪时，应注意修剪部位的位置和角度，以确保修剪的效果和美观度。修剪时应注意保持修剪部位的平直和对称，避免出现歪斜、不匀称等情况。

（二）侧枝修剪

侧枝修剪是指将果树主干上的侧枝修剪掉，以调整枝条生长方向和控制树冠的生长。修剪的时间应在冬季休眠期和生长季节中进行。修剪时应留下1～2个芽眼，以利于新枝条的生长和发展。

1. 侧枝修剪的基本知识

（1）侧枝的概念

果树的主干和分支生长出来的枝条称为侧枝，它们负责携带养分和水分，促进果实的生长和发育。

（2）侧枝的类型

侧枝分为长侧枝和短侧枝两种。长侧枝是从主干或主枝上生长出来的较长的枝条，通常用于结果。短侧枝是从长侧枝或主干上生长出来的较短的枝条，通常用于生长。

（3）侧枝的排列方式

侧枝排列方式有腋生、顶生和基生三种。腋生侧枝是从主干或主枝的腋部生长出来的侧枝；顶生侧枝是从主干或主枝地顶端生长出来的侧枝；基生侧枝是从主干或主枝的基部生长出来的侧枝。

2. 侧枝修剪的技术方法

（1）修剪时间

果树侧枝修剪的最佳时间是在休眠期或生长期的早期进行。休眠期修剪可以促进果树的生长和发育，提高果实的产量和品质；生长期早期修剪可以控制果树的生长方向和形态，促进果实的发育。

（2）修剪工具

侧枝修剪需要使用锋利的剪刀或剪枝钳。使用钝的工具容易损伤果树组织，影响果实的产量和品质。

（3）修剪方法

侧枝修剪是果树栽培中的一项重要工作，下面是详细的修剪方法。

选择合适的时间进行修剪。一般来说，最好在春季或秋季进行侧枝修剪。春季修剪可以刺激新的生长，有助于增加产量，而秋季修剪可以减少生长量，有助于控制果树的大小和形状。

选择合适的工具。侧枝修剪需要使用锋利的剪刀或修枝锯等工具。剪刀要保持锋利，以便切割果树枝条时不会损伤树皮。

确定修剪的位置。一般来说，侧枝修剪应该在主干上部或侧枝基部进行。要选择短而结实的侧枝进行修剪，避免修剪过长或过细弱的侧枝。

进行修剪。修剪时，要把剪刀或修枝锯贴近主干或侧枝基部，用一次性快速的剪切动作将枝条切断。如果需要修剪长枝条，可以在适当的位置进行剪断，并留下一小段枝条，以防止病菌和昆虫进入。

修剪后处理。修剪后，要及时清理果树下的落叶和枝条等杂物，以防止病菌和虫害的滋生。如果修剪的切口较大，可以使用接枝胶或防腐剂进行处理，以避免感染病菌。

注意安全。进行侧枝修剪时，要注意安全。在爬梯子或使用剪枝工具时，要穿上合适的防护服和手套，并避免在强风、雨雪等恶劣天气下进行修剪。

（三）短截修剪

短截修剪是指将果树的枝条剪短，以促进新梢的生长和发展，增加花芽和果芽的分化。修剪的时间应在冬季休眠期和生长季节中进行。修剪时应留下2～3个芽眼，以利于新枝条的生长和发展。

1. 短截修剪的时间

短截修剪一般在春季或夏季进行，具体时间因不同果树种类而异。一般在果实膨大期前进行，这时果树营养分配较为合理，短截修剪可以更好地促进果实的生长和发育。

2. 短截修剪的工具

进行短截修剪需要使用修枝剪或修枝锯等专业工具，这些工具能够更精准地剪去需要修剪的枝条和侧枝。

3. 短截修剪的方法

短截修剪可以分为三种基本方法：平截、斜截和倒角截。

（1）平截

平截是将枝条或侧枝截断，使其与主干或主枝平行，一般用于粗大枝条的修剪。平截的剪口面积较大，因此需要特别注意防止病菌和虫害的入侵。

（2）斜截

斜截是将枝条或侧枝沿主干或主枝倾斜截断，斜截角度一般在 45 度左右。斜截可以减小剪口面积，有利于伤口愈合和新芽的生长。

（3）倒角截

倒角截是将枝条或侧枝截断，同时在截口处进行倒角处理，即将截口边缘用剪刀或刀片进行削平或倒角。倒角截可以促进果树的新陈代谢和营养分配，有助于新芽的生长和发育。

4. 短截修剪的注意事项

短截修剪是果树修剪的一种常见方法，其主要目的是控制树冠生长，增加果实产量和质量。但是，使用短截修剪也需要注意以下几点。

选择适合的品种和年龄：短截修剪适用于有强劲生长力的品种，如梨树、桃树、苹果树等。同时，也应根据树龄选择合适的短截长度和短截止时间。

控制短截长度：一般来说，短截长度不应超过 1/3 的枝条长度，否则可能导致枝条断裂、病虫害感染等问题。

注意修剪时间：短截修剪的最佳时间是在树休眠期，也就是冬季。这样可以避免削弱果树的生长力和影响果实品质。

注意削弱度：短截修剪需要控制适当的削弱度，不能过度削弱。如果削弱过度，会导致树冠生长不良、产量下降、果实品质差等问题。

消毒工具：在修剪果树时，一定要注意消毒工具，避免病虫害感染。

总之，短截修剪是一种有效的果树修剪方法，但需要在合适的时间和方法下进行，同时注意控制削弱度和消毒工具，以达到最好的果实产量和品质。

（四）整枝修剪

整枝修剪是指将果树的枝条修剪整齐，形成一个规则的树冠，以提高树冠透光性和通风性，有利于果实的生长和成熟。修剪的时间应在生长季节中进行。修剪时应根据枝条生长方向和长度来确定，使树冠分布均匀，密度适宜。

1. 整枝修剪的内容

整枝修剪是指对果树主干进行修剪，以达到调整树形、促进营养均衡和增加产量的目的。下面是整枝修剪的详细内容。

修剪时机：整枝修剪一般在果树落叶期进行，因为此时果树的生长停止，树冠明显，枝条清晰可见，方便修剪。

修剪工具：整枝修剪需要使用专门的修枝剪，一般为大剪刀或修枝锯。

2. 修剪原则

留长去短原则：留下较长的枝条，修剪掉较短的枝条，保留果树的生长点。

短截去长原则：在整枝过程中，如果发现某些枝条生长过于旺盛，就应该进行短截去长，促进树势平衡。

短截去枝原则：对于过密或受伤的枝条，应该进行短截去枝，以免对树体造成不良影响。

重点剪去原则：在修剪过程中，应该着重剪去过密的、纠缠的、交叉的枝条，以增加光照和通风。

3. 修剪方法

整枝修剪是指在树冠形成期或生长旺季，通过调整树冠结构和优化果实分布，使果树获得良好的生长环境和高产的效果。以下是整枝修剪的具体方法。

削弱顶部生长点：在树冠形成期，可以通过削弱顶部生长点的方法来控制树冠高度。具体来说，选择高处的主干和侧枝，通过削弱顶部生长点的方法，让下方的枝条得到更多的养分和阳光，以促进果实的生长和发育。

选择主枝：在整枝修剪中，要选择优质的主枝，将其他枝条剪除。主枝应该是粗壮、生长良好、无病虫害的枝条，这样可以保证果实的产量和质量。

调整侧枝：侧枝的长度和位置对于果实的生长和发育也很重要。如果侧枝太长或太密，会影响养分和阳光的分配，导致果实发育不良。因此，在整枝修剪中要适当削短和调整侧枝的长度和位置，让果实获得充足的养分和阳光。

剪除竞争枝：在果树生长的过程中，可能会出现多个竞争枝，它们互相竞争养分和阳光，导致果实生长缓慢或产量减少。因此，在整枝修剪中，要及时剪除竞争枝，以保证果实的正常发育。

打造开心果形态：整枝修剪还可以通过打造开心果形态来增加果树的美观性和产量。具体来说，可以通过调整枝条的长度和位置，使果树呈现出像开心果一样的形态，这样可以增加果实的光照面积和养分供应，从而提高产量和质量。

整枝修剪需要根据果树的品种、生长习性和树龄等因素进行灵活调整，以达到最佳的修剪效果。

4. 注意事项

在进行整枝修剪之前，应该清除果树上的枯枝、病枝和交叉生长的枝条。

修剪时应该注意安全，使用专门的修枝剪具，保持身体平衡。

修剪完毕后，要对果树进行适当的施肥和浇水，以促进新的枝条和芽的生长。

四、施肥和管理

果树的施肥和管理是保证果实产量和品质的关键，包括控制病虫害、浇水、除草、修剪、施肥和保护等多个方面。需要根据果树的生长发育和营养需求进行科学施肥，包括基肥、追肥和叶面肥等。

（一）基肥

基肥是指在果树栽植前或栽植时施入的肥料，目的是改善土壤肥力和提供足够的养分供果树生长发育。基肥一般使用有机肥和无机肥混合施用。有机肥可以改善土壤结构和保持水分，有助于果树生长。无机肥中含有较高浓度的营养元素，能够提供果树需要的养分。在施肥前应根据土壤状况和果树需要确定施肥种类和用量。

（二）追肥

追肥是指在果树生长发育过程中适时施用的肥料。追肥的目的是满足果树生长的需要，保证果实品质和产量。果树在不同生长阶段需要的养分不同，因此应根据果树的生长情况和土壤状况确定追肥的种类和用量。一般来说，春季和秋季追肥可以使用有机肥和速效性无机肥；夏季追肥应使用缓释肥料，以避免营养元素流失。

（三）叶面施肥

叶面施肥是指将肥料溶解在水中喷洒在果树叶面上的一种施肥方式。叶面施肥可以快速为果树提供养分，促进果实生长和发育，提高果实品质和产量。叶面施肥应适时适量，避免在高温或强光条件下施肥，以免烧伤果树。

（四）深施肥

深施肥是指将肥料施入土壤较深的层次，让根系可以更好地吸收养分。深施肥可以促进根系的发展，增强果树的抗逆性和生长力。深施肥应在春季和秋季进行，以避免夏季高温时造成土壤干旱。

（五）配合施肥

配合施肥是指将多种肥料按一定比例混合使用，以达到更好的施肥效果。配合施肥可以使不同类型的肥料互相补充，达到营养平衡，提高作物产量和品质。

常见的配合施肥方法有以下几种。

基肥加追肥：在基肥施用后，根据作物不同生长阶段，适时追加追肥。

主次肥结合：将主肥和次肥按一定比例混合使用，达到营养均衡，提高肥效。

复合肥配合单质肥：复合肥中含有多种营养元素，但某些元素含量较低，可以加入单质肥来补充。

有机肥配合化肥：有机肥中含有大量的有机质和微生物，可以改善土壤质量，但营养成分相对较低，需要配合化肥来提供足够的养分。

自制肥料配合商业肥料：自制肥料通常含有有机物和矿物质等，但营养成分含量较低，需要配合商业肥料来提高养分含量。

需要注意的是，不同类型的肥料含有的营养元素、含量和作用方式各不相同，选择合适的配方和比例非常重要。同时，过量施肥也会对环境造成污染和浪费，应该根据土壤和作物需要进行合理的施肥。

五、收获和贮藏

果树的收获和贮藏是保证果实品质和保鲜期的关键。需要根据果实的成熟度和品质进行选择和收获，并采取适当的贮藏方式，如低温贮藏、干燥贮藏和真空包装等，以延长果实的保鲜期和增加经济效益。

（一）收获

果树的收获时间一般要根据果实的成熟程度来决定。果实的成熟程度可以从果皮颜色、果实大小、果肉硬度等多个方面进行判断。对于不同品种的果树，其收获时间也会有所不同。一般来说，果实的收获时间应选择在早晨或傍晚，以避免高温和阳光直射对果实造成的损伤。

果树的收获方式也有多种，如手摘、机械收割等。对于一些果实较小、果皮薄、易损坏的品种，手摘的方式较为常见。而对于一些果实较大、果皮坚硬的品种，如苹果、梨等，机械收割的方式则更为常见。

（二）贮藏

果树的贮藏方式也有多种，一般可分为冷藏、冷冻、真空包装、干燥等。下面简单介绍一下几种贮藏方式的特点。

1. 冷藏

冷藏是一种常见的果树贮藏方式，适用于大部分果树品种。将果实放入低温环境中，可以延缓果实的成熟速度，减缓果实的腐烂速度，从而达到保鲜的目的。不同品种的果实适宜的贮藏温度和湿度也会有所不同。

2. 冷冻

冷冻是一种适用于大部分果树品种的贮藏方式，可以将果实保存较长时间，并且不影响其口感和品质。将果实放入低温环境中，降低果实内部的水分含量，使果实的细胞结构不受损坏。冷冻贮藏的果实在食用前需要解冻。

3. 真空包装

真空包装是一种将果实置于真空包装袋中，使果实内部的氧气含量降低，从而延缓果实的成熟速度和腐烂速度的贮藏方式。这种贮藏方式适用于一些果皮薄且易受氧化的果实。

4. 干燥

干燥是将水果的水分含量降低到适宜储存的水平，从而延长果实的保鲜期限。干燥的方法有很多种，其中比较常见的有以下几种。

（1）自然晾干法

将水果晾晒在阳光充足、通风良好的地方，让自然风干的方法称为自然晾干法。这种方法操作简单，不需要太多的设备和技术，但是受气候影响较大，需要选择晴朗、干燥的天气进行晾晒。

（2）人工晾干法

利用机械设备和人工干燥的方法称为人工晾干法。这种方法操作相对比较复杂，需要专业的设备和技术，但是受气候的影响较小，可以在任何时间进行干燥处理。

（3）烘干法

利用热风或者微波等热能对水果进行加热干燥的方法称为烘干法。这种方法干燥速度较快，能够快速将水分蒸发掉，但是需要专业的设备和技术，并且有一定的能耗成本。

无论采用哪种干燥方法，都需要注意以下几个方面。

水果的成熟度：水果的成熟度对干燥效果有着很大的影响，一般来说成熟度越高，干燥效果越好。

干燥温度和时间：不同种类的水果需要不同的干燥温度和时间，需要根据实际情况进行调整，以达到最佳的干燥效果。

干燥环境：干燥的环境应该保持干燥通风，避免受到日光直射，同时防止虫害和其他污染物的侵入。

质量检测：干燥后的水果应该进行质量检测，检测其水分含量、色泽、口感等指标是否符合要求。

第九章　造林绿化与园林

第一节　造林绿化的目的和意义

一、生态意义

造林绿化是指通过人为干预，选择适宜的地点进行树木种植和植被覆盖，以达到保持和改善生态环境的目的。造林绿化对于生态系统和人类社会都有着重要的生态意义。

（一）保持生态平衡

造林绿化可以修复受到破坏或退化的生态系统，增加植被覆盖率，增加土地的保水保肥能力，保护水源和水土资源，维持生态平衡，防止水土流失、干旱和沙漠化等自然灾害的发生。

1. 防止水土流失

造林可以防止水土流失，保持土壤的肥力。在植被稀少或没有植被的地区，土壤会因为暴雨、河流冲刷等原因而流失，导致地表贫瘠、土地荒漠化。通过造林，可以使植被覆盖率增加，土壤得到保护，减少水土流失的现象。

2. 改善气候

森林可以调节气候，减缓气候变化的影响。树木通过吸收二氧化碳和释放氧气，减少温室气体的排放，改善空气质量。同时，森林可以吸收太阳辐射，减少地表温度，缓解城市热岛效应。

3. 提高生物多样性

造林可以创造适合野生动物生存的栖息环境，提高生物多样性。树木提供食物和栖息地，吸引了很多野生动物的栖息和繁殖，促进了生态平衡的维持。

4. 保护水资源

树木可以减缓水的流速，增加水的滞留时间，使水逐渐渗入地下层和河床，提高地下水位和水库水位，保持水资源的持续性和稳定性。

5. 减少自然灾害

造林可以减少自然灾害的发生。树木可以减缓水流速度，防止洪水的发生；同时根系可以牢固固定土壤，减轻泥石流和山体滑坡等灾害的危害。

6. 促进经济发展

造林可以促进经济发展，提高农村居民的收入。通过种植经济林木或经营生态旅游等方式，创造就业机会，促进经济发展。

（二）提高生态系统服务功能

造林绿化是指通过人为种植或帮助自然恢复的方式，增加植被面积和植被覆盖度，以改善生态环境、提高生态系统服务功能的一种重要手段。通过种植树木、草地等植物，可以有效地改善气候、水资源、土壤等自然环境条件，提高生态系统的稳定性和可持续性，同时也为人类提供了丰富的生态系统服务。

1. 生态系统服务的概念

生态系统服务是指自然生态系统为人类提供的各种经济、社会和生态的价值。生态系统服务包括供给性服务、调节性服务、文化性服务和支持性服务四个方面。

供给性服务：指通过生态系统提供人类所需的物质和能量资源，如食物、水、木材、药品等。

调节性服务：指通过生态系统调节环境、控制自然灾害、净化空气和水、调节气候等方面，保护人类的健康和安全。

文化性服务：指生态系统对人类的精神和文化需求提供的服务，如生态旅游、休闲娱乐等。

支持性服务：指生态系统对其他生态系统服务的维持和产生提供的服务，如土壤形成、氮循环、水循环等。

生态系统服务是人类社会和生态系统之间的一种紧密关系，人类依赖于自然环境中的各种生态系统服务才能生存和发展。而生态系统服务的质量和数量又受到生态系统的状态和健康状况的影响。因此，为了保护和提高生态系统服务的质量和数量，需要采取有效的生态环境保护措施，其中造林绿化就是一种非常有效的手段。

2. 造林绿化提高生态系统服务功能

（1）水源涵养和土壤保持

水源涵养和土壤保持是生态系统最基本的服务，也是造林绿化最基本的目标之一。通过种植树木、草地等植被，可以增加植被覆盖率，减少水土流失，提高土壤保持能力。

（2）气候调节

造林绿化对气候调节也有重要作用。树木吸收大量二氧化碳，并释放氧气，有助于减缓全球气候变化。树木是重要的碳汇，通过固定大量二氧化碳，可以降低大气中二氧化碳的浓度，减缓全球气候变化的速度。此外，树木的蒸腾作用可以释放大量水蒸气，有助于维持地表水平衡和气候稳定。

（3）生物多样性保护

林地是许多生物的栖息地，树木可以提供鸟类、昆虫等生物的食物和栖息场所，促进生物多样性的保护和维护。通过种植各种树种和植物，可以提供更加多样化的栖息环境，促进生态系统的复杂性和稳定性。同时，也可以增加植被覆盖率，改善生物栖息环境，保护珍稀濒危物种。

（4）改善生态环境

通过种植树木和草地等植被，可以改善生态环境，减少环境污染，提高空气质量和水质量。树木可以吸收空气中的有害气体和颗粒物，净化空气，同时也可以净化水质，提高水资源的质量和数量。此外，植被覆盖率的提高也有助于减少城市热岛效应，改善城市生态环境，提高城市居民的生活质量。

（5）促进生态旅游

生态旅游是近年来发展迅速的一种新型旅游形式，对于推动旅游业的发展和地方经济的增长都具有重要作用。通过种植树木、草地等植被，可以创造更加美丽的自然环境，提供更加多样化的旅游体验，同时也可以促进当地餐饮、住宿、交通等产业的发展。

（三）保护野生动植物和生物多样性

造林绿化是保护野生动植物和生物多样性的一种有效手段。通过种植各种树种和植物，可以提供更加多样化的栖息环境，促进生态系统的复杂性和稳定性，同时也可以增加植被覆盖率，改善生物栖息环境，保护珍稀濒危物种。下面将详细介绍造林绿化保护野生动植物和生物多样性的作用。

1. 保护野生动植物的作用

（1）提供栖息环境

野生动植物是生态系统中的重要组成部分，树木和草地是它们的主要栖息环境。通过种植各种树种和草地等植被，可以提供更加多样化的栖息环境，满足不同野生动植物的需求，促进生态系统的复杂性和稳定性，维护生态平衡。

（2）保护濒危物种

濒危物种是指面临灭绝威胁的物种。在现代工业化和城市化的进程中，野生动植物的生存空间和栖息环境受到了极大的威胁，许多野生动植物濒临灭绝。通过种植各种树种和植物，提供更加适宜的栖息环境，可以帮助保护濒危物种，防止它们灭绝。

（3）促进野生动植物的繁殖和生长

野生动植物在特定的环境下才能够繁殖和生长，通过种植各种树种和植物，提供适宜的栖息环境和生长条件，可以促进野生动植物的繁殖和生长，增加它们的数量和种群。

2. 保护生物多样性的作用

造林绿化是保护生物多样性的一种有效手段。通过种植各种树种和植物，可以提供更加多样化的栖息环境，促进生态系统的复杂性和稳定性，同时也可以增加植被覆盖率，改善生物栖息环境，保护珍稀濒危物种。下面将详细介绍造林绿化保护生物多样性的作用。

（1）提高植被覆盖率

植被覆盖率是生态系统稳定的重要指标之一。通过种植各种树种和植物，可以增加植被覆盖率，改善生物栖息环境，促进生物多样性的发展。

（2）促进生态系统的复杂性和稳定性

生物多样性是生态系统中不同生物种类和遗传多样性的丰富程度。通过种植各种树种和植物，可以提供更加多样化的栖息环境，促进生态系统的复杂性和稳定性，维护生态平衡。

（3）改善生态环境

造林绿化可以改善生态环境，保护水源、减少水土流失、防止土壤侵蚀和干旱等自然灾害的发生，为生物提供更好的栖息环境和更充足的水源，促进生物多样性的发展。

（4）保护濒危物种

濒危物种是指面临灭绝威胁的物种。在现代工业化和城市化的进程中，野生动植物的生存空间和栖息环境受到了极大的威胁，许多野生动植物濒临灭绝。通过种植各种树种和植物，提供更加适宜的栖息环境，可以帮助保护濒危物种，防止它们灭绝。

（5）促进土地生态化

土地生态化是指对土地进行人工植被和土地治理，使其生态系统的构造和功能达到一定水平的过程。通过种植各种树种和植物，可以提高土地的生态化程度，改善生物栖息环境，保护生物多样性。

（6）推动生态旅游产业发展

造林绿化不仅可以保护野生动植物和生物多样性，还可以推动生态旅游产业的发展。生态旅游是一种以自然环境为基础，以生态保护和文化传承为导向，以旅游消费和服务为手段，既能够带动地方经济发展，又能够保护生态环境和文化传承的产业形态。以下是造林绿化对生态旅游产业发展的具体作用。

丰富旅游资源。造林绿化可以丰富生态旅游资源，为游客提供更多的旅游选择。通过种植各种树种和植物，可以营造出多样化的景观，增加自然美景和文化氛围，提高旅游吸引力。

改善旅游环境。造林绿化可以改善旅游环境，提供更好的生态旅游环境。通过增加植被覆盖率，保护生态环境，促进生态平衡，创造出更加宜人的旅游环境，提升旅游体验感受。

提高旅游服务水平。通过造林绿化，可以提高旅游服务水平，满足游客的需求和期望。通过创新旅游服务模式，开发旅游品牌，提高旅游服务品质，增强旅游体验，提高游客满意度，从而推动生态旅游产业的发展。

促进地方经济发展。生态旅游产业是当今发展速度最快、潜力最大的产业之一，可以为当地带来巨大的经济效益。通过造林绿化，可以创造更多的旅游就业机会，促进旅游消费和服务业的发展，带动地方经济发展，增加地方财政收入。

推动文化传承和发展。生态旅游产业强调的是生态保护和文化传承，可以推动文化传承和发展。通过开发旅游资源，传承本土文化，挖掘民俗文化，增加旅游的文化内涵，提高旅游的文化价值，推动文化产业的发展。

（四）改善人居环境

造林绿化是改善人居环境的一种重要手段。通过种植各种树种和植物，可以增加植被覆盖率，改善城市生态环境和空气质量，降低环境噪声和减轻城市热岛效应，提高城市居民的生活质量。

1. 提高空气质量

城市的空气质量受到各种污染物的影响，包括尘土、工业废气和车辆尾气等。通过种植各种树种和植物，可以增加植被覆盖率，吸收二氧化碳和其他有害气体，释放氧气，净化空气质量，改善城市环境。

2. 降低环境噪音

城市中的噪音来自交通、工业和建筑等活动。通过种植各种树种和植物，可以吸收和隔离噪音，降低城市噪音水平，改善居民的生活环境，减轻城市噪声污染带来的负面影响。

3. 减轻城市热岛效应

城市热岛效应是指城市比周边地区更加温暖的现象。通过种植各种树种和植物，可以增加植被覆盖率，吸收太阳辐射，降低城市温度，减轻城市热岛效应，提高城市的生态环境。

4. 提高居民生活质量

通过种植各种树种和植物，可以美化城市环境，增加绿色景观，提高居民生活质量。绿化环境可以缓解城市压力，减少焦虑和疲劳，增加城市居民的幸福感和归属感。

5. 增加休闲娱乐空间

通过建设公园、绿地、林荫道等绿化空间，可以为城市居民提供更多的休闲娱乐场所，促进身心健康，增强社区文化氛围，提高城市居民的幸福感。

二、社会意义

造林绿化工作可以改善生态环境，防止水土流失和荒漠化的发生，提高土地的质量和生产力，减缓气候变化和自然灾害的发生。此外，合理的林业和绿化工作还可以促进生态系统的平衡和稳定，增加生态系统的生产力和稳定性，提高生物多样性。还可以增强生态功能，促进土地治理和生态保护，同时还可以提高社会公众的环保意识和保护意识，带动生态旅游、生态休闲、文化旅游等产业的发展，为当地经济发展注入新的动力。现如今，造林绿化工作已经成为文化的代表，在造林绿化过程中，不仅可以拓宽人们的视野，提升人们的相关知识理念，还能够促使人们更加热爱环境和生活，让更多的人享受这种清新的空气，获得身心上的愉悦。

（一）促进经济发展

通过种植各种树种和植物，可以提高土地的价值和利用效益，带动农村经济发展。同时，造林绿化还可以为当地创造更多的就业机会，增加居民收入，推动当地经济的发展和繁荣。

1. 创造就业机会

通过造林绿化，可以创造更多的就业机会。例如，种植和管理森林、绿化带、公园等绿化景观，需要大量的劳动力。同时，绿化工程的建设也需要大量的专业人才，为当地提供了就业机会，增加了居民的收入。

2. 促进农业发展

通过造林绿化，可以促进农业发展。例如，通过种植果树和林木，可以增加农民的收入和就业机会，提高农业生产效益和质量。同时，通过森林和草原的绿化和保护，可以增加草原和林地资源的数量和质量，促进畜牧业和林业的发展。

3. 提高土地利用效益

通过造林绿化，可以提高土地利用效益。例如，通过种植防护林、水土保持林等，可以有效地防止土地沙漠化和水土流失，提高土地的产出率和质量。同时，通过种植经济林、果树等，可以增加土地的经济效益，提高农民的收入。

4. 促进旅游业发展

通过造林绿化，可以促进旅游业发展。例如，通过绿化和保护自然景观，可以创造更多的旅游资源，提高旅游的吸引力和竞争力。同时，绿化景观的建设和管理也可以创造更多的旅游就业机会，带动旅游消费和服务业的发展，为经济增长带来巨大的贡献。

5. 提高环境质量

通过造林绿化，可以提高环境质量，改善城市和农村的生态环境。例如，通过增加植被覆盖率，可以减轻城市热岛效应、改善空气质量、降低噪音等，提高居民的生活质量。同时，绿化景观的建设和管理也可以为城市和农村创造更宜居的环境，提高人们的幸福感和归属感。

（二）改善社会福利

通过改善城市和农村环境，造林绿化可以提高居民生活质量和社会福利。增加绿化覆盖率，可以改善空气质量，降低环境噪音，减轻城市热岛效应，缓解城市压力，增加居民的身心健康。

1. 增加休闲娱乐空间

通过建设公园、绿地、林荫道等绿化空间，可以为城市居民提供更多的休闲娱乐场所，促进身心健康，增强社区文化氛围，提高城市居民的幸福感。

2. 促进社区发展

造林绿化可以促进社区的发展和提高社区居民的生活质量，具有重要的社会意义。以下是造林绿化促进社区发展的具体功能。

（1）提高社区居民的幸福感和归属感

通过绿化景观的建设和管理，可以为社区居民提供更美好的生活环境，增加居民的幸福感和归属感。绿化环境可以为居民提供休闲娱乐的场所，缓解压力，促进身心健康。

（2）增加社区凝聚力

通过绿化景观的建设和管理，可以增加社区居民的凝聚力，促进社区的和谐发展。社区绿化可以成为居民进行集体活动的场所，增强居民之间的联系和互动，形成社区的共同体感。

（3）提高社区经济效益

通过绿化景观的建设和管理，可以为社区带来经济效益，促进社区的经济发展。例如，社区种植和经营的花卉、果树等绿化植物可以成为社区的经济支柱，带动社区的发展和繁荣。

（4）促进社区文化的传承和发展

通过绿化景观的建设和管理，可以促进社区文化的传承和发展。例如，社区可以种植和保护当地的传统植物，挖掘和发扬当地的民俗文化和传统文化，增加绿化的文化内涵，推动社区文化产业的发展，促进社区文化的繁荣。

（5）提高社区的安全性

通过绿化景观的建设和管理，可以提高社区的安全性。例如，种植防护林、防火林等，可以增加社区的环境安全性，预防自然灾害的发生，保障社区居民的生命财产安全。

（6）促进社区环境的改善

通过绿化景观的建设和管理，可以改善社区的环境质量，提高社区居民的生活质量。例如，增加植被覆盖率，净化空气和水源，降低环境噪音，改善城市热岛效应等，提高社区的生态环境和居民的生活质量。

（三）促进社会和谐

通过种植各种树种和植物，可以提高生态系统稳定性和复杂性，维护生态平衡，促进资源节约和循环利用，增强社会责任感和集体意识，推动社会和谐的发展。

1. 增加社会凝聚力

通过绿化景观的建设和管理，可以增加社会凝聚力，促进社会的和谐发展。例如，通过种植各种树种和植物，增加植被覆盖率，改善城市环境和居民的生活质量，促进居民之间的联系和互动，形成社会的共同体感。

2. 缓解社会矛盾

通过绿化景观的建设和管理，可以缓解社会矛盾，促进社会的稳定和谐。例如，通过种植防护林、防火林等，可以预防自然灾害的发生，保障社会的安全稳定；通过绿化环境的改善，可以提高社会的生态环境和居民的生活质量，缓解社会矛盾和冲突。

3. 促进社会公平

通过绿化景观的建设和管理，可以促进社会公平，实现共同发展。例如，通过种植果树和经济林，增加农民的收入和就业机会，促进农业的发展和农民的脱贫致富；通过推动生态旅游的发展，为社会各界提供公平的机会和平台，促进社会共同繁荣。

4. 推动社会创新

通过绿化景观的建设和管理，可以推动社会创新，促进社会的持续发展。例如，通过种植和保护珍稀植物和动物，挖掘和发扬当地的民俗文化和传统文化，增加绿化的文化内涵，推动社会文化产业的发展，促进社会的创新和进步。

5. 提高社会环境质量

通过绿化景观的建设和管理，可以提高社会环境质量，改善社会居民的生活质量。例如，通过增加植被覆盖率，净化空气和水源，降低环境噪音，改善城市热岛效应等，提高社会的生态环境和居民的生活质量，促进社会的健康和谐发展。

三、造林绿化在生态建设中的现状分析

（一）造林人员与方案设计人员沟通不够

造林设计是造林绿化工程生态建设的重要环节之一，涉及树种选择、种植密度、空间布局、管理措施等方面的问题，直接关系到造林绿化工程的质量和效果。在造林绿化工程建设之前，造林人员要加强与设计人员的交流沟通，才能更加全面地去理解造林技术的相关理念和知识。然而在实际的工作当中，造林人员与设计人员的交流沟通不够，也无法按照设计人员的要求进行建设，还有很多与设计方案相违背的情况。造林人员在发现这些问题时，也没有积极自

主与设计人员交流讨论，仅凭自身的经验去对造林方式进行调整，导致最终的造林绿化工程与预期绿化效果存在很明显的差距。设计人员在参与设计工作时，还会受到一些经济利益的驱使，不遵循科学发展的规律，植物的覆盖密度过大，导致无法正常生长。

（二）造林人员的专业技术水平不高

设计人员对造林绿化工程有一套完整的设计方案，然而造林人员的专业技术水平不高，没有一支专业技术过硬的队伍也很难去实施。在实际的造林绿化工程中，由于工程的要求较低，严谨性不高，很多造林人员思想意识松散，认识不到造林绿化在生态建设中的重要性。再加上很多造林人员受到利益的驱使，只追求片面短期的经济利益，因此造林绿化工程存在很多的安全隐患。

（三）对林业的验收和自查效率不高

对生态林业的自查和验收过程中，不仅可以搜集更加真实客观的统计数据，提升林业评估的准确性，还可以促使林业幼苗的快速成长，便于以后进行补植补造，提升林业的查验和管理水平。自查和验收工作主要包括以下几个工作内容：对林业设计进行审核工作，确保设计方案能够符合相关的林业设计标准，然后对生态林业的建设起到指导和规划作用。对苗木的选择，尽量选取一些高质量、品种优良的苗木。对造林绿化工程的面积进行预估和测量，通过对造林绿化的面积进行精确测量来估算苗木的数量，保证林木的品种多样性，避免结构太过于单一。对林业建设进行建档和审核，保证幼苗的成活率，避免出现工作失误。

第二节　造林绿化的种类和技术

造林绿化是一种重要的生态工程，不同种类的植被对于生态环境的改善和生物多样性的保护都具有不同的作用。根据不同的目的和环境条件，可以采用不同的造林绿化方式和植被种类。

一、森林林地造林

森林林地造林是指在森林地区内进行的植树造林活动，旨在促进森林生态系统的建设和维护，改善生态环境，增加森林资源，提高森林生产力和社会经济效益。

（一）森林林地造林的方式

1. 直接造林

直接造林是指将幼苗直接种植在土壤中，由苗木自然生长，形成森林。

2. 间伐造林

间伐造林是指在已有的林地上，根据森林的生长状态，选择合适的树种，间伐原有的森林，再进行补植，促进森林生态环境的恢复和改善。

3. 灌木造林

灌木造林是指在荒地或草地上，选择适合当地生长的灌木种植，经过多年的生长和发展，形成森林。

4. 抚育造林

抚育造林是指在已有的森林中，对幼苗进行人工抚育，选择优质的树种，疏伐密度过大的林木，促进森林的生长和发展，提高森林的生态效益。

（二）森林林地造林的技术

1. 树种选择

森林林地造林的树种选择应考虑森林生态系统的特点和地理环境，选择适应性强、生长快、抗逆能力强、经济效益高的树种，同时还应考虑树种的生态适应性和社会适应性，以提高造林的经济效益和社会效益。

2. 活树苗的选育和培育

活树苗的选育和培育是森林林地造林的重要环节，需要从树种的形态、生长速度、适应性、抗病性等多方面进行考虑。在选育和培育过程中需要注意苗木的生长环境、土壤质量、肥料的使用、病虫害的防治等问题，以保证苗木的成活率和生长质量。

3. 土壤改良

森林林地造林需要对土壤进行改良，以提高土壤的肥力和水分保持能力。土壤改良的方法包括施肥、中耕、翻土、覆盖等，可以改善土壤结构和质量，增加土壤的肥力和水分保持能力，提高苗木的成活率和生长速度。

4. 种植技术

种植技术是森林林地造林的重要环节，包括土地准备、栽植、抚育等多个方面。在种植过程中需要注意栽植的深度、树苗的根系固定、土壤的覆盖和压实等问题，以保证苗木的生长和成活率。

5. 抚育技术

抚育技术是保证森林林地造林质量和效益的重要手段，包括疏伐、修枝、灌溉、施肥、防治病虫害等多个方面。在抚育过程中需要注意合理疏伐、规范修枝、定期灌溉和施肥、及时防治病虫害等问题，以保证森林的生长和发展，提高森林的经济效益和社会效益。

（三）森林林地造林的管理

森林林地造林的管理是保证森林林地造林质量和效益的重要手段，包括绿化规划、种植管理、抚育管理、监测和评估等多个方面。在管理过程中需要注意绿化目标和规划、种植和抚育的管理和技术、监测和评估等问题，以保证森林林地造林的效益和社会效益。

1. 绿化规划

森林林地造林的绿化规划需要考虑森林的生态特点和地理环境，确定造林的目标和规模，选择合适的树种和种植方式，合理分配种植区域和资源，促进森林的生态效益和经济效益。

2. 种植管理

森林林地造林的种植管理需要注意树种的选择和培育、土壤改良、种植技术、土地准备等问题。在种植过程中需要合理安排种植密度、保证苗木的成活率、注重灌溉和施肥、及时防治病虫害等问题。

3. 抚育管理

森林林地造林的抚育管理需要注意疏伐和修剪、灌溉和施肥、防治病虫害等问题。在抚育过程中需要合理疏伐、定期修剪、注重灌溉和施肥、及时防治病虫害等问题，以保证森林的健康生长和发展。

4. 监测和评估

森林林地造林的监测和评估是保证森林林地造林效益和社会效益的重要手段。监测和评估需要选择合适的指标和方法，定期收集和分析森林的生长数据和生态环境数据，评估森林的效益和社会效益，及时发现和解决问题。

二、城市绿化

城市绿化是指在城市区域内进行的植树造林和绿化环境的活动。城市绿化可以改善城市环境质量，净化空气和水源，提高居民生活质量和幸福感，同时还可以为城市提供防护林、绿道、休闲娱乐场所等公共设施，促进城市发展和社会和谐。

（一）城市绿化的意义

城市绿化的意义是多方面的，包括以下几个方面。

1. 改善城市环境质量

城市绿化可以吸收大气中的二氧化碳、各种有害气体和颗粒物，同时也能够净化城市空气和水源，提高城市环境质量。

2. 促进城市发展

城市绿化可以为城市提供休闲娱乐场所、防护林、绿道等公共设施，增加城市的软实力，吸引更多的人才和投资。

3. 提高居民生活质量

城市绿化可以为居民提供自然环境、空气清新的氛围，提高居民的幸福感和生活质量。

4. 促进生态文明建设

城市绿化是生态文明建设的重要组成部分，可以推动城市的生态环境建设和生态保护。

（二）城市绿化的种植技术

1. 树种选择和植树技术

城市绿化的树种选择和植树技术需要根据城市的环境和功能需求进行选取和安排。一般来说，城市绿化主要采用落叶乔木、常绿乔木、常绿灌木等树种。树种的选择需要考虑其生长环境、树形、观赏价值、适应性等因素。植树技术包括选址、整地、肥料施用、苗木选择、栽植和管理等环节，需要充分考虑树木的成活率和生长速度。

2. 绿化带的设计

城市绿化带的设计需要考虑城市的整体规划和环境条件，按照城市的结构和功能需求，合理地划分绿化带的区域和类型。绿化带的设计需要考虑景观美学和生态功能，同时还需要考虑方便行人和车辆的通行。

3. 绿化带的建设

绿化带的建设包括土壤改良、植物选种、养护管理等多个环节。其中，土壤改良是绿化带建设的基础，需要根据土壤性质进行合理的施肥、翻耕等处理。植物选种需要根据环境条件和绿化目的进行选择，选择适应性强、生长快、具有观赏价值的植物。养护管理包括定期修剪、施肥、浇水、除草、防病防虫等工作，需要注意保证绿化带的整洁和美观。

4. 花园和草坪的设计

城市绿化的花园和草坪是城市绿化的重要组成部分，可以提高城市的美观和居民的生活品质。花园和草坪的设计需要考虑植物的形态、颜色、花期、生长速度等因素，同时还需要考虑水源和灌溉等问题。草坪的设计和管理需要注意定期修剪、施肥、除草等工作，保证草坪的整洁和美观。

5. 垂直绿化的技术

垂直绿化是城市绿化的一种新兴技术，可以在城市建筑物的外墙、立面等区域进行绿化，提高城市的美观和生态环境。垂直绿化需要考虑栽植技术、植物选择、灌溉、养护管理等多个因素。栽植技术包括垂直绿化植物的选择、根系固定、土壤保湿等问题。植物的选择需要注意适应性强、根系发达、生长速度快、观赏价值高的植物。灌溉和养护管理需要注意保证垂直绿化的植物水分和营养供应，定期进行修剪和养护，保证垂直绿化的美观和健康。

（三）城市绿化的管理技术

城市绿化的管理技术是保证城市绿化质量和效益的重要环节。城市绿化的管理技术主要包括以下几个方面。

1. 绿化规划的制定

绿化规划是城市绿化管理的基础，需要制定合理的绿化目标、绿化布局、植物种植、养护管理等方面。绿化规划需要考虑城市环境的特点和需求，合理进行绿化区划和树种选择，同时还需要考虑经济和社会效益的平衡。

2. 种植和养护管理

种植和养护管理是城市绿化的核心技术，包括土壤改良、植树造林、树木修剪、病虫害防治、施肥等工作。种植和养护管理需要考虑树木的成活率、生长速度和健康状态，同时还需要注意保护和利用城市绿地资源。

3. 绿化设施的建设

绿化设施是城市绿化管理的重要组成部分，包括自来水、灌溉设备、园林设施、休闲设施等。绿化设施的建设需要考虑绿化的需求和功能，保证设施的合理性和高效性。

4. 绿化监测和评估

绿化监测和评估是城市绿化管理的重要环节，可以帮助了解城市绿化的情况和效益，及时发现和解决问题。绿化监测和评估需要注意数据收集、指标体系的建立和监测方法的选择等问题。

5. 宣传和教育

城市绿化的宣传和教育是提高公众意识和参与度的重要手段，可以加深公众对城市绿化的认识和支持。宣传和教育需要采用多种形式和媒介，包括传统媒体、新媒体、展览等。

综上所述，城市绿化及种植技术是城市发展和环境保护的重要组成部分，需要根据城市的环境和需求，选取适合的树种、制定合理的规划、管理和养护，为城市居民提供美丽的生活环境和丰富的公共设施。

三、水土保持林

水土保持林是指在山地和沙漠等特殊环境条件下进行的植树造林。常见的植树种类有柽柳、柞树、沙柳、紫穗槐等，根据不同的水土条件选用不同的树种。水土保持林可以防止水土流失、保持水源、防止土地沙漠化、减轻气候变化等环境问题，同时还可以提供生态旅游、防护林等经济和社会效益。

（一）水土保持林的特点

抗旱能力强。水土保持林主要种植一些耐旱、耐寒、抗逆性强的树种，如沙柳、柽柳、柞树等，能够适应干旱、多风等特殊的环境条件。

绿化效果显著。水土保持林可以有效地防止水土流失、减轻风沙侵蚀，通过增加植被覆盖率，改善生态环境，提高土地利用效益。

经济效益高。水土保持林不仅可以保护生态环境，还可以为当地提供经济效益，如防护林、经济林、生态旅游等。

管理和维护成本低。水土保持林的种植和管理需要相对较少的人力和物力投入，管理成本相对较低。

（二）水土保持林的种植管理技术

选址和树种选择。水土保持林的选址需要考虑地形地貌、土壤水分等因素，根据不同的环境条件选择适合的树种，如沙柳、柽柳、柞树、胡杨等。

植树造林。水土保持林的种植需要注意树木的密度、行距、栽植技术等问题，尽量采取合理的种植方式，提高树木的成活率和生长速度。

土壤改良和施肥。水土保持林的生长和发展需要充足的营养和水分，因此需要进行土壤改良和施肥，保证树木的健康和生长。

四、经济林

经济林是指种植有经济价值的乔木和灌木，如果树、茶树、桑树、橡胶树、松树等，其种植和经营主要目的是生产各种经济林产品，如果实、木材、茶叶、漆、树胶等。经济林是一种重要的经济林业形式，对于促进农村经济的发展和农民的增收具有重要的作用。

（一）经济林的特点

高产高效。经济林是一种高产高效的林业形式，可以在相对较短的时间内获得较高的经济效益。

需要精细化管理。经济林的种植和管理需要精细化的技术和管理，包括选址、树种选择、育苗、施肥、病虫害防治、修剪、采摘等环节。

周年收益。经济林的产品可以在全年收获和销售，具有较高的经济效益和市场竞争力。

良好的生态效益。经济林可以提高土地利用效益，改善环境和生态，促进生态系统的健康发展。

（二）经济林的种植管理技术

选址和树种选择。选择合适的地块和树种是经济林种植的关键，需要根据土地质量、气候条件、市场需求和生态环境等因素进行选择。

育苗。经济林的育苗需要注意苗木的品种选择、育苗基质、育苗条件等问题，确保苗木的质量和成活率。

土壤改良和施肥。经济林的生长和发展需要充足的营养和水分，因此需要进行土壤改良和施肥，保证树木的健康和生长。

病虫害防治。经济林的种植和管理过程中，需要注意病虫害的防治，及时采取防治措施，保护经济林的健康和生长。

五、园林管理理念对园林设计的影响

因为社会经济水平的不断发展和提升，城市进行建设和发展水平越来越快，所以促进了绿化的建设。但是在绿化建设发展的过程中，逐步产生了一些问题需要解决，如盲目进行模仿等。所以，相关的园林管理理念对园林的设计有着非常重要的影响，可有效提升园林设计的效果。

（一）造林绿化措施与模式的概述

1. 造林绿化措施与模式的特点

造林绿化模式作为实现城市空气质量净化、环境改善的一项重要工程。造林绿化措施的对象不仅具有生命特性和多样性的特点，还具有自然景观与人文景观的协调性特征。完善造林绿化措施与模式是提升城市绿化质量的一个最主要的目标，这不仅仅有利于保持造林植物的成活率，还有利于实现植物成活状态的长期保持，因而需要将造林绿化措施与模式相结合。造林绿化的具体工作包括科学安排好造林绿化的时间和树种选择，平整树木绿化土地。同时坚持适地种树、合理搭配和造林绿化的基本原则，构建科学的生态体系。造林工人应当综合考虑造林绿化的物种、地域和树木成长规律等因素，提升造林绿化工程项目的综合价值，进而实现美化生活环境、净化空气、降温吸尘的目的。

2. 造林绿化措施与模式的重要性

在造林绿化人员进行绿色生态建设的过程中，应当根据生态环境的理念确定造林绿化措施的设计方案，高效合理地利用好自然资源，有利于满足人们对环境舒适、环保等使用功能的需求，为造林绿化工程提供充足的能量，进而达到节能降耗、可持续发展的目的。在造林绿化过程中，造林人员充分利用高新技术和高科技产品，深入贯彻好科学发展观理念，推动造林绿化措施的科学发展，进而推动我国环境友好型和资源节约型的造林绿化模式的建设，实现美丽中国、生态中国的发展目标。

（二）造林绿化措施与模式的要点

1. 完善造林绿化措施与模式的准备工作

在进行造林绿化过程中，造林工人应当做好完善造林绿化的树木起挖和土球处理等准备工作，做好造林绿化模式的树木包裹和适地栽种等准备工作，改进造林绿化施工的树木运输、修剪、栽植等准备工作。提高造林绿化植物的成活率是保障造林质量的首要因素。造林工人要严格按照操作规范做好植物的绿化施工工作，做好造林绿化模式的准备工作，完善造林绿化进度计划的控制、质量控制和成本控制工作，完善造林绿化施工的调整进度计划，合理安排造林绿化施工计划，做好造林绿化的日常养护工作。

2. 完善定点放线的造林绿化要求

在进行造林绿化植物的移植过程中，应当严格按照造林绿化的设计图纸，综合考虑设计图纸和施工场地，需要保持造林苗木上的新鲜土球，严格按照定点放线的施工要求和标准。造林工人应当严格按照造林绿化模式的设计方案，做好定点和放线工作，使植物的原始土壤能够一并移植到树穴中，按照植物生长的要求和图纸规定的具体路线做好放线工作，保持造林绿化模式整体的美观性和自然性。

3. 挖穴种植的造林绿化要点

在对造林绿化植物进行移植的过程中，造林工人需要保持植物苗木上30～40厘米的新鲜土球。在对造林绿化植物进行起挖的过程中，应当严格按照造林植物的开挖标准，从植物的根幅外延垂直向下挖，对于影响植物挖种的根粗的苗木，需要在保护根部的情况下用手锯割断粗根。由于挖穴种植是提升造林绿化植物的成活率，营造良好的造林绿化环境。在进行造林绿化植物的挖穴种植过程中，造林工人应当割断植物的根部，将植物推向一侧，使其与土壤脱离，同时保持根皮、须根和原始土球完整。

（三）造林绿化措施与模式创新的要点

1. 定期灌水、排水和科学施肥

造林工人在进行造林绿化模式的创新过程中，应当综合考虑植物的种类、季节气候、植物的生长状况等因素，对造林的草坪进行科学施肥和按时浇水是保障造林绿化工程的关键环节。由于造林植物需要土壤、养分和水分等因素，尤其是水分是保证造林绿化植物存活率的重要因素。因而保持移植后的造林植物根部的水分充足是确保造林绿化植物正常生长的关键步骤。当然，在造林绿化模式的创新过程中，造林工人需要根据不同植物的不同特性、土壤的干湿度以及季节特性给予不同的浇水量。在植物的生长期间，应当保持每天的浇水量，有利于移植植物的扎根生长；在植物的休眠期间，可以根据不同植物的需要，每隔半个月或者一个月进行浇水和施肥工作。

2. 做好病虫害防治工作

造林绿化模式和绿篱的病虫防治工作是完善造林绿化病害管理工作的关键环节。为了做好造林绿化植物苗木生长的杀菌除害工作，应当加强对造林绿化植物进行定期的喷洒和杀菌工作，做好病虫害的防治工作。杀虫工作作为造林绿化进行养护的一种方式，造林工人需要据植物的具体情况，制定好专项的病虫害预防方案，并采取科学、合理、规范的病虫害预防措施来消灭病虫。此外，还应当对植物进行定期检查工作和病虫害的预防工作，如果发现因日灼、修剪造成的植物树干的伤口有病虫，应当在树干创口处涂上杀虫保护剂，及时消灭病虫，进而有效预防病虫害给造林绿化植物带来的伤害。

3. 做好后期的固定与支撑工作

造林绿化工人在造林完成后的养护管理工作是创造良好的景观效果，延长造林绿化植物的生命周期，提高造林绿化苗木成活率的重要手段。“种三管七”是造林绿化养护管理的贴切描述。完善造林绿化的养护管理有利于提高造林绿化植物的防风害能力。因而，对于栽植胸径达到 5 厘米以上的植物，在季风较明显的地域，需要做好造林绿化树木的固定支撑工作，同时注意支架不影响原始的根须土球和骨干根系，防止冠动根摇影响根系恢复的发生和植物被吹倒现象的发生。根据造林绿化植物栽植的现状进行预防和养护，设置浇冻水、风屏障的方法进行预防，或者采取涂白树干的方法进行抗风寒工作。当然，在春夏季节还应当做好遮阳工作，以降低树冠的温度，防止水分的蒸发，确保植物能够进行充分的光合作用。

第三节 园林设计与管理

园林设计和管理是指对城市、乡村和其他场所进行美化、环保和提高生活质量的活动。园林设计和管理的目的是通过对植物、地形、水体等因素的整合利用，营造出具有美学、文化、环保和社会价值的场所，促进城市和社区的可持续发展。

一、园林设计

园林设计是指对园林进行规划、设计和施工，以达到美化、环保、景观、文化和社会效益的目的。园林设计通常包括场地分析、植物选择、景观造型、景观照明等多个方面的内容，以实现景观的整体和谐、功能的实用和经济的可持续性。

（一）规划设计

规划设计是园林设计的起始点。在规划设计阶段，需要对园林的用途、功能、面积、地理位置、气候条件、地形地貌等因素进行全面考虑，确定园林的整体布局、景观风格、植被配置、配套设施等，制定出园林规划设计方案。

（二）建筑设计

建筑设计是园林设计的重要组成部分。在建筑设计阶段，需要考虑建筑与园林的融合，确定建筑的外观设计、功能布局、材料选用、施工工艺等，以实现建筑与园林的和谐统一。

（三）植被设计

植被设计是园林设计的核心内容。在植被设计阶段，需要考虑植物的适应性、生态性、美学性、经济性等多方面因素，确定植被的种类、数量、分布、配置等，以实现园林植被的美观、实用和经济效益。

（四）配套设施设计

配套设施设计是园林设计的重要组成部分。在配套设施设计阶段，需要考虑配套设施的功能、布局、美观度、安全性等多方面因素，确定配套设施的类型、数量、规格、配置等，以满足人们对园林的休闲娱乐、健身运动等多种需求。

二、园林管理

园林管理是指对园林进行日常的维护和管理。园林管理需要做好景观的保洁、植被的修剪、配套设施的维护等工作，以保证园林的美观和实用。

（一）绿化养护

绿化养护是园林管理的核心内容。在绿化养护阶段，需要对园林内的植被进行修剪、浇水、施肥、除草、病虫害防治等工作，以保证园林植被的生长和健康。

（二）配套设施维护

配套设施维护是园林管理的重要组成部分。在配套设施维护阶段，需要对园林内的配套设施进行维护和保养，修补损坏、清洁卫生等工作，以保证配套设施的正常使用。

（三）环境整治

环境整治是园林管理的重要环节。在环境整治阶段，需要对园林内的环境进行整治，清理垃圾、疏通排水管道、清除污染源等工作，以保证园林环境的整洁和卫生。

（四）安全保障

安全保障是园林管理的重要任务。在安全保障阶段，需要加强对园林内的安全保障工作，设立警示标志、加强巡逻管控等措施，确保人们在园林内的安全。

（五）管理监督

管理监督是园林管理的重要手段。在管理监督阶段，需要加强对园林内的管理监督工作，建立健全的管理体系，开展日常检查和巡视，及时发现和解决问题，保证园林的美观和实用。

三、园林管理理念对园林设计的影响

园林管理理念对园林设计的影响意义非常大，可帮助城市净化空气、减少污染，保持水土以及为人们提供良好的生活和娱乐空间。

（一）园林管理与园林设计的概述

1. 园林管理以及园林设计的概念

园林管理的相关工作有养护管理工作以及非养护管理工作。其中，在养护管理中会涉及绿色建设、广场建设以及道路建设等。在养护的相关管理工作中，需要结合植物的正常生长规律对植物进行正确的养护。在对园林进行设计的过程中，是一种对艺术的创造，会涉及自然生态以及人文环境，属于艺术设计领域。其中，关键任务是设计人工环境以及自然环境等内容。

2. 园林管理与园林设计之间存在的关系

管理和设计之间是相辅相成的，会相互产生作用，有着十分密切的联系。园林的绿化管理工作再设计的基础之上，而之后的绿化管理工作则是对设计效果的一种展示和延续。如果没有相应的设计方案，一系列的绿化管理工作便会失去目标和方向。所以，在对园林进行建设和管理的过程中，应用科学合理的管理理念，以便保障设计效果的持续性以及永久性。

（二）园林管理理念在园林设计中的重要性

1. 绿地水平是城市面貌的反映

对于绿地生态环境的建设，是对城市整体情况的一种如实反映，可体现出城市建设水平的高低。对于景观绿色的设计，可帮助城市净化空气、减少污染，保持水土以及为人们提供良好的生活和娱乐空间。结合当前很多城市的建设效果进行分析，对于城市园林的设计，过于注重最后形成的绿地效果，对整体性建设有所忽视，导致最终产生了绿化管理困难的情况，使得使用年限下降，甚至会发绿地植物大量死亡。

2. 景观绿化可展示城市的形象

结合当前的城市景观情况进行分析，景观绿化一般为开放性场所，可对城市的形象进行展示。在对景观进行绿化的过程中，不能只设计公共空间当中的视觉形态，不重视以人文本的原则。第一，因为是开放式的城市空间环境，所以有一些区域的绿化情况遭到了不同程度的破坏，甚至受损严重。如将广告牌绑在树枝上等；第二，园林场所内部的设置具有可接近性的特征。在具体设计的过程中，需要保障入口结合和园林之间有无障碍通道，并构建合理休息区域。

3. 应用较低的维护成本,取得理想的绿化效果

因为设计方案的差异性，所产生的建设成本是不同的。高质量的规划方案，在建设以及后期的维护成本中会大于实际经济实力，所以只能不断降低成本，这样便会使观赏效果下降。例如：在维护的过程中，如果没有及时做好病虫害的防治工作，没有及时修剪，会使之前的绿化功能极少。因此，针对低成本的绿化方法要进行深入的研究，并强化相关的管理和建设工作。

（三）园林管理理念在园林设计中的影响

1. 产生的生态影响

在城市当中的绿化，是城市整体面貌的反映，并且对生态环境能够起到一

定的平衡作用，净化空气。此外，还能为人们提供相应的娱乐和休闲场所，帮助人们放松身心。但是城市在对绿化进行建设的过程中，有些忽视对生态性功能的建设，产生了很多的管理难题，引导了植物的死亡等，所以要注重原理管理理念。其中，应用相应的园林管理理念，是对设计的一种有效延伸，可减少对生态环境带来的影响。设计人员在正确的理念指导下，会有正确的建设方向，如怎样用最小的环境破坏换来优美的园林风景，同时结合所在区域的自然条件，对各项功能需求给予满足。在对园林进行设计的过程中，要对植物等一些种植问题进行充分的考虑，如病虫害问题等，以便使设计的植物群落更加科学，减少后期植物的死亡率。

2. 应用以人文本的原则

在对园林进行设计的过程中，需要应用以人文本的原则，可有效展示园林设计的精神以及舒适度。第一，对于园林的设计，一定要保留休息和娱乐的场所；第二，挑选生长性强的植物，以便这些植物能够抵抗一些自然灾害。第三，确保安全性，注重园林内部的一些特殊性设计，如老人、小孩以及残疾人等群体的需求。

3. 节省管理成本

第一，对于灯光的设计，需要尽量减少对灯管的应用，以便对园林进行高效的管理。一些园林对于后期的建设，会应用很多的路灯，以便凸显造型，提升亮度。但实际上并不需要那么多的灯光，一般需要在 30m 左右的距离设置一个路灯即可，过多使用灯光会产生光污染。

第二，在对园林水池进行设计的过程中，会花费较高的费用，其中水池的深度也是影响人们安全的重要因素，所以要对水池内部的换线隐藏给予重视，注重夏季的蚊虫，以便影响整体环境和美观性。对于成本的节省，可对节约型园林进行建设。在正式建设的过程中，要对自然材料和人工材料进行合理的应用，避免使用循环水并降低废气物质，对人文景观以及所在区域的自然环境进行合理的应用，打造出特点鲜明的工艺建设，有益于对生态环境进行改善。例如：铺设石子路，可应用废弃的石子，回收落叶，将其作为肥料。

四、园林设计与管理的未来发展

随着城市化的加速和人们环保意识的提高，园林设计与管理的重要性越来越凸显。未来园林设计与管理的发展将呈现以下趋势。

（一）绿色生态化

未来园林设计与管理将更加注重生态环境的保护和建设，推进园林生态化发展，通过植被的选择和布局、生态环境的改善等措施，增加园林的生态功能，实现城市绿色生态化。

（二）智能化

未来园林设计与管理将越来越智能化，通过数字化技术和物联网技术，实现对园林内的植被、配套设施和环境等信息的实时监控和管理，提高园林的管理水平和效率。

（三）文化化

未来园林设计将更多地融入当地文化和历史，增强人们对园林的文化认知和理解。例如，在园林中加入当地传统文化元素和艺术品，营造出具有特色的文化景观。

（四）社交化

未来园林设计与管理将更加注重社交功能的发挥，通过开展各种社交活动，推进园林社交化发展，增加园林的社会功能和文化内涵。

（五）绿色金融化

未来园林设计与管理将更加注重绿色金融的运用，通过绿色投资、绿色贷款等方式，推进园林绿色金融化发展，实现园林的经济效益和社会效益的双重提升。

综上所述，园林设计与管理是城市和社区可持续发展的重要组成部分，需要根据不同场景和需要，进行规划、设计、建设和管理，以满足人们对美好生活和自然环境的需求。未来园林设计与管理将更加注重生态、智能、文化、社交和绿色金融等方面的发展，以实现城市和社区的可持续发展和人们的美好生活。

参考文献

[1] 李淳 . 森林资源监测中林业 3S 技术的应用现状与展望 [J]. 农业与技术，2020，40（17）：74-76.

[2] 胡安玲，高如叶 . 森林资源监测中林业 3S 技术应用现状与展望 [J]. 种子科技，2020，38（13）：126-127.

[3] 曾诚 .3S 技术在森林资源监测中的应用研究 [J]. 资源节约与环保，2019（8）：55.

[4] 刘宁，郭成，刘晨 . 森林资源监测中林业 3S 技术的应用现状与展望 [J]. 南方农业，2019，13（23）：44-45.

[5] 杨晓洲 . 林业病虫害发生成因和无公害防治 [J]. 花卉，2019（20）：257-258.

[6] 陈芝兰 . 林业病虫害发生原因与无公害防治措施研究 [J]. 种子科技，2020，38（12）：82-83.

[7] 叶日米克 · 吾努尔汗 . 林业病虫害无公害防治技术应用探析 [J]. 种子科技，2019，37（16）：103-104.

[8] 葛迎春，关丽萍，张华伟，等 . 林业病虫害防治中无公害防治技术的应用 [J]. 现代农村科技，2020（9）：33-34.

[9] 刘建平 . 林业病虫害发生原因与无公害防治 [J]. 花卉，2020（2）：274-275.

[10] 郭迎春 . 林业病虫害发生原因及无公害防治策略 [J]. 现代园艺，2020（8）：36-37.

[11] 庞月涛 .GPS 在林业病虫害调查监测中的应用 [J]. 中国林业，2009（11）：62.

[12] 张黎 . 浅谈 GPS 在林业病虫害调查监测中的应用 [J]. 南方农业，2020，14（36）：36-37.

[13] 詹麒 . 浅谈林业病虫害综合治理方法 [J]. 农业开发与装备，2021（2）：231-232.

[14] 梁万芳 . 关于新时期林业病虫害综合治理方法的分析 [J]. 农业与技术，2020，40（16）：69-70.

[15] 程勇 . 病虫害生物防治技术在林业资源保护与管理中的科学应用 [J]. 现代园艺，2020（2）：63-64.

[16] 侯晓燕 . 无公害防治技术在林业病虫害防治中的应用研究 [J]. 农村实用技术，2020（9）：153-154.

[17] 王占卿 . 生物技术在林业病虫害防治中的应用探微 [J]. 现代园艺，2020，43（16）：50-51.

[18] 李哲辉 . 浅谈饲养条件下野生动物疾病与预防 [J]. 农家参谋，2020（3）：133.

[19] 韩笑 . 兽药在野生动物疫病防治中的应用及存在问题 [J]. 畜牧兽医科学（电子版），2019（8）：76-77.

[20] 刘学森 . 野生动物中草药添加剂防治疾病的应用研究 [J]. 农业与技术，2019，39（24）：135-136.

[21] 李喜贵 . 我国野生动物保护研究现状 [J]. 农民致富之友，2014（1）：109.

[22] 王莹 . 浅谈野生动物疾病防治的对策研究 [J]. 甘肃畜牧兽医，2016，46（7）：89-90.

[23] 马友福 . 我国野生动物保护与疫病防控存在的问题及对策 [J]. 现代农业科技，2020（10）：187-188.

[24] 李景梅 . 中国野生动物与栖息地保护现状及发展趋势 [J]. 农业开发与装备，2016（10）：60.